中島凱西◎著

中島凱西夏威夷印花生活

Hawaiian print fabric

中島凱西夏威夷印花生活

Hawaiian print fabric

contents

※ 因壓線縫之故，布料或多或少會有收縮的情況，因此完成品的尺寸，會依縫製者的縫法而有不同。

※ 作法圖中未特別指定的數字，均以㎝為單位。

※ 作法圖、紙型未指定「不留縫份」者，即代表為完成尺寸。裁剪布料前，請先加上適當的縫份。一般而言，貼布縫的縫份需要0.3～0.4㎝、其他布片的縫份則需要1～2㎝。

※ 貼布縫的圖案中，部分圖案加了包含縫份的裁剪線。製作紙型時，請裁剪裁剪線，完成線則當成參考。

Hawaiian Style

讓最鍾愛的夏威夷印花布，
營造「阿囉哈」的氣氛！

教育子女、處理工作、人與人的應對進退⋯⋯，當對所有的一切感到疲累時，我總會想到夏威夷。從檀香山H1高速公路可以看到的鑽石頭山（Diamond head）、瑪諾亞（Manoa），以及舒爽的涼風、遠處傳來夏威夷歌手Israeli的歌、最適合赤腳奔跑的白色細砂，還有孩子們的笑聲。一想到這些，令我不禁想要立刻就飛奔至夏威夷。

雖然這並不是容易成行的事，但至少我可以聽聽夏威夷歌曲、把椰子的盆栽放到沙發旁邊，好度過一段悠閒的時光。牆壁上裝飾著白底粉紅色的夏威夷拼布毯，這是我很久以前縫製的作品，窗簾也是夏威夷的印花布；雖然不能立刻到夏威夷，然而在當下，這裡就是夏威夷了。不知道為什麼，我彷彿可以聽到海浪的聲音。

夏威夷印花真是不可思議的花色。只要用夏威夷印花布製作尋常的沙發套、靠墊，立刻就能讓空間變得開朗明亮。當然，在日常生活中，有的物品可能不太適合過於明亮的色彩，但是我想要擁有這種快樂。在這種想法之下，我嘗試製作了我想要的溫柔色系，以及漂亮色調的夏威夷布料。我想，夏威夷印花布一定能輕易融入各位的生活中，讓各位的生活變成棒極了的「阿囉哈」風情。當然，小東西、拼布也非常適合利用夏威夷印花布。享受這一種布料的方式，全都濃縮在本書中。

在此，衷心對各位說聲「阿囉～哈」。

中島凱西

Hawaiian Life
享受夏威夷式的生活

清晨，比平常醒得早的日子，總覺得這一天會發生什麼好事；當耀眼的太陽出來後，我覺得這樣就夠令我開心了。我把家人的棉被翻過來，拿到屋頂上晾曬，所有的被單都是用夏威夷印花布縫製，如果從空中往下鳥瞰，一定會以為這裡綻放著美極了的花朵吧。

走到廚房去，燒一壺水，然後拿出上個月在夏威夷買的古董馬克杯，泡了咖啡搭配早餐，今天早上就準備夏威夷飯吧。我烤了豬肉火腿罐頭、放上水煮蛋，這是一天當中最重要的時間，為什麼呢？現在能和女兒們、兒子、還有外子一起圍桌聊天的機會，就只剩下早上而已；也只有在這個時間，我可以看著家人的臉，看看他們是不是開心、有沒有精神，可以邊聽著他們精神飽滿的笑聲，邊享用美味的早餐。

家人們使用的餐墊是我昨天做的，我以為誰都沒有注意到，老公不愧是老公，馬上就讚美說：「好漂亮的餐墊。」可不是嘛——我露出得意的表情。這短短的一句話，就能讓我感到幸福，但是這句話卻又成為新的動力，讓我想要再做些什麼東西。

花朵盛開的廚房餐廳

Kitchen-dining Room

隨著吹拂的和風迎風飄曳的咖啡簾，
讓桌上增添光彩的緬梔花圖案茶壺保溫罩，
早晨的陽光，與花朵圖案的夏威夷印花布非常相襯。
在美麗花朵的環繞之下，快樂的一天就此揭開序幕。

放假的日子裡，可以悠閒地享用早餐。今天該做些什麼早餐呢？

讓料理功力更精進的圍裙

Apron

白底蕨類植物印花的布料，縫製成附口袋的圍裙，
清爽乾淨的色調，最適合廚房的氛圍，
穿上圍裙後，彷彿能讓做菜時間更開心。

提升食慾的餐墊

Luncheon Mat

熱帶扶桑花及皇冠花的花樣，
以可愛花紋的花邊布裝飾，顯得更加多彩多姿。
搭配使用可看到花色的透明玻璃餐具，
讓用餐時間更有趣。

HOW TO MAKE P.67

悠閒而平靜的時刻 餐墊&茶壺保溫罩

Luncheon Mat & Tea Cozy

在絞染的布料上，貼布縫緬梔花的花樣，
壓縫線後，形成了浪漫的設計。
這樣的設計，和閒散的假日早餐合得不得了。

HOW TO MAKE P.66

紙型請見第2面〔G〕

幸福 Laulea

布料的故事

散置著蕨類植物或鳳尾草葉子的布料，名為「幸福之葉」，以平靜而自然的色彩為主色調。除了小東西之外，幸福之葉當然也很適合用來縫製衣服。完成後的成品，將會漂亮又迷人喲。

讓餐桌穿上禮服

印花桌巾

Table Cloth

桌巾的邊框是搶眼的扶桑花圖案，而絞染的
自然色調，最能營造溫柔的氣氛。
當客人到訪時，何不拿出來招待客人呢？

何妨增加餐桌的時尚元素，在家裡開場派對呢？

全家人的杯墊

Coaster

將緬梔花裁剪下來，然後燙貼雙面紙襯，接著在花樣的外圍，縫上波浪狀的壓縫線，再利用與緬梔花相同顏色的布滾邊後，便完成一整套的杯墊組。

捲合式餐具套

Cutlery case

將綠色皇冠花圖案的布料，捲繞而成餐具套。袋子的部分，壓線縫了湯匙與叉子的圖案，讓作品呈現十足的玩心童趣。

HOW TO MAKE P.68

在許多優雅小東西的環繞下，
烹調出略帶成熟風味的料理。

可以穿出門的圍裙裝
Apron Dress

滿佈皇冠花圖案的圍裙裝，
領口及口袋的扶桑花分外搶眼。
漂亮的程度，令人忍不住想要穿出去炫耀。

HOW TO MAKE P.65

兩個一組的對摺式隔熱手套

Pot Holder

充滿成熟風味的隔熱手套，
只針對印花布的花朵部分施加壓線縫。
即使是較大型的鍋子，只要有它們就不必擔心了。

坐擁活力十足的豐富色彩，
享受快樂的料理時光。

附大口袋的咖啡圍裙

幸福之葉的藍色布料上，搭配著紅色的皇冠花圖案布料，
形成俏皮而又具有活動感的咖啡圍裙。
想一想，今天的午餐該準備什麼才好呢？

讓烹調更有樂趣的隔熱手套
Pot Holder

將扶桑花印花布與絞染布料，
縫製成四方形的拼布隔熱手套。
在絞染布料上，壓線縫蕨類植物的圖案，
還可以當成袋子使用。

放茶壺也很適合的鍋墊
Pot Base

扶桑花圖案的周圍，縫上了壓線縫，
再以褐色的絞染布滾邊。
整體的溫柔色調，相當適合用來妝點餐桌。

皇冠花 **Tiare**

布料的故事

代表大溪地的花朵，可愛女孩的象徵；夜晚外出時，輕輕將之插在頭髮上，讓花朵散發甜甜的香氣。這款布料的設計，以赤道櫻草的花環搭配皇冠花朵，營造流線感。

洋溢熱帶島嶼
悠閒風情的客廳

Living Room

全家人悠閒自適的空間——客廳，
裝飾了香蕉葉圖案的拼布毯、以及扶桑花圖案的窗簾後，
整個空間洋溢著熱帶島嶼風情，讓每天都有度假般的氣氛。

以大自然為圖案的
夏威夷拼布毯
Hawaiian Quilt

有著香蕉葉圖案的夏威夷拼布毯。
綠色搭褐色的沉穩色調，
最適合當成沙發罩、床罩使用。

yoyo拼布裝飾的窗簾

Curtain

扶桑花圖案的花邊布料上，
添加了可愛的圓形yoyo拼布，
藉由這款窗簾，彷彿能帶來舒爽的南國涼風。

布料的故事

扶桑花圖案的花布

Hibiscus border

美麗的扶桑花是代表夏威夷的花朵，而這種布料就是以扶桑花為主要圖案。與拼布的花樣組合使用，具有加乘的美感，當然也可以直接當成窗簾或桌巾使用。當成邊框布環繞在拼布的邊緣，或是當成背景使用，都棒極了。

在溫暖的陽光環抱下
享受忙裡偷閒的下午茶時間

輕鬆又可愛的特色長裙
Long Skirt

散發清爽氣息的長裙上，
滿布著扶桑花及熱帶的花朵圖案。
腰部的鬆緊帶設計，既方便又適合輕鬆的打扮！

讓柔和光線灑落在室內的皇冠花咖啡簾
Café Curtain

咖啡簾的布料，使用了柔和的黃色絞染布，並貼布縫上皇冠花朵圖案。
將咖啡簾整個拉開，或是收縮皺褶使用，全都可愛極了。

令人禁不住想抱一抱的靠墊
Cushion

褐色底的貼布縫是麵包樹的花樣，
黃色抱枕上則是大花曼陀羅，
兩者都是熱帶地區的植物。
溫和的配色，彷彿連房子裡都亮了起來。

HOW TO MAKE P.71
紙型請見第1面〔A〕

裝飾自己的最愛
替空間穿上耀眼禮服！

搶眼而可愛的夏日洋裝
Summer Dress

將紅色花朵圖案形成的花邊布料，縫製成可愛的娃娃裝。
簡單而可愛的套頭設計，舒適又便利好穿。

HOW TO MAKE P.72

生薑圖案壁毯

Tapestry

拼貼生薑圖案的布片，再搭配富有熱帶氣息的印花布為花邊，便完成一幅漂亮的壁毯。只需要這一幅壁毯，房間頓時就變得華麗無比。

HOW TO MAKE P.73

紙型請見第1面〔B〕

茉莉亞布 moorea

布料的故事

整片布料上，散置著扶桑花及皇冠花之類，生長在夏威夷或大溪地的熱帶美麗花朵，而其中一側則是由花朵圖案串連而成的花邊設計。色彩又分成時髦的色彩與明亮的色彩兩種，請依作品的氛圍挑選使用。

柔軟而舒適
輕鬆時刻的最佳夥伴

靠墊
Cushion

由三角形及四角形布片拼縫而成的靠墊，
搭配了華麗的皇冠花花邊布，
呈現膨鬆而又舒服的觸感。

HOW TO MAKE P.69

踏墊
Floor Mat

色彩豐富的六角形布片，
組合使用了絞染布料與蕨類植物的葉片花樣；
再搭配相襯的美麗扶桑花花邊布，
形成了這一件漂亮的踏墊。

心形圖樣的yoyo拼布窗簾

Yo-yo Curtain

將yoyo拼布串連起來，拼成大大小小的心形圖樣，
這麼可愛的窗簾，是不是最適合
裝飾在女孩子的房間裡呢？

HOW TO MAKE P.70

皇冠花朵圖案襯衫領洋裝

Shirts One-piece

高雅而色調舒爽的襯衫領洋裝，
使用了皇冠花朵圖案的布料縫製而成。
簡單的設計，可以準備多件同款而不同色系的洋裝，
無論是居家或外出穿著皆適宜。

HOW TO MAKE P.74

紙型請見第1面〔C〕

方便外出片刻的包包&飾品袋

Bag & Jewelry Case

活用扶桑花的印花圖案，縫製成時尚的組合包。
玫瑰花園（Rose Garden）的拼布手法，
成為視覺的焦點。

HOW TO MAKE P.78

How to make 1

無論是休閒或者高雅的場合皆可穿著
皇冠花朵圖案襯衫領洋裝

衣長 93cm　24頁的作品　作法請見74頁　紙型請見第1面〔C〕

材料

布料…白底皇冠花圖案 寬110cm×230cm
紙襯…100×40cm
鈕扣…直徑1.3cm 8個

裁剪圖　(　) 內的數字為縫份，除特別指定外，其餘皆為1cm。

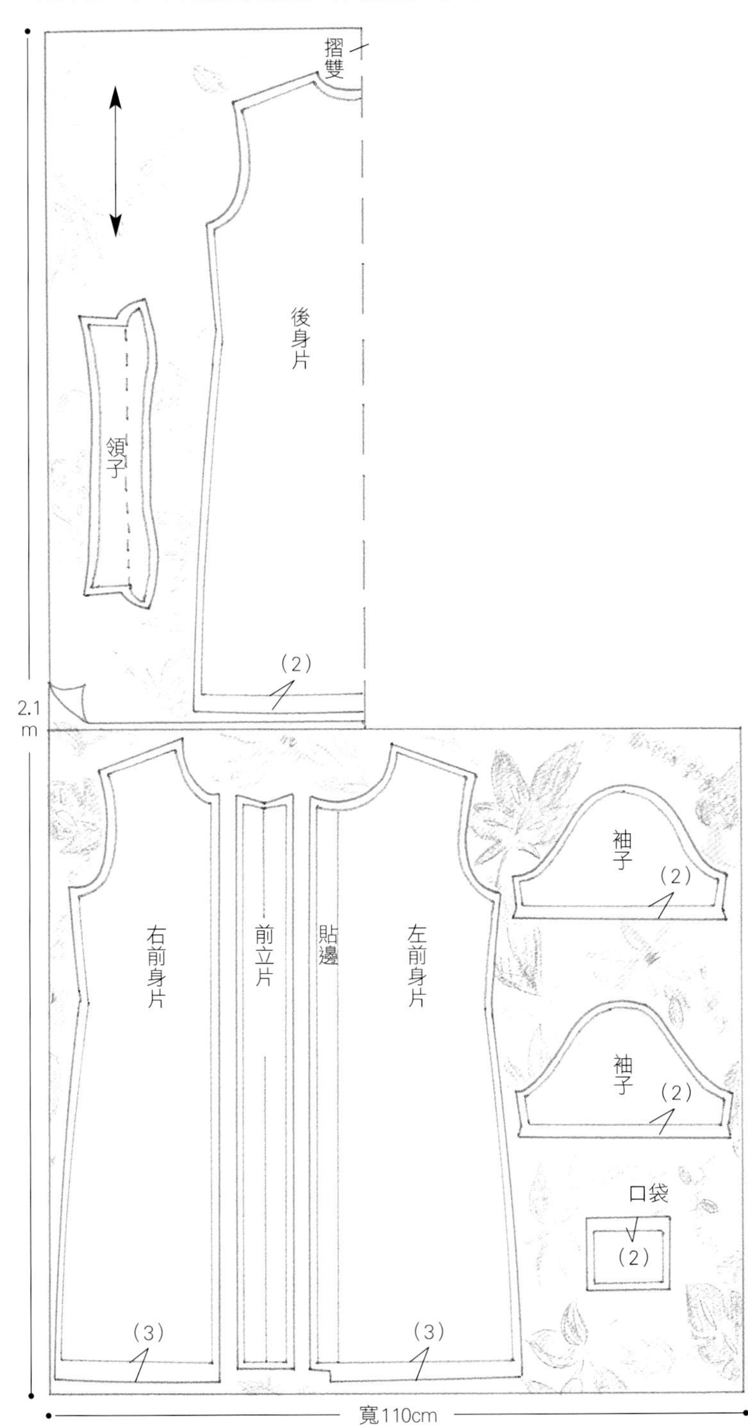

作法

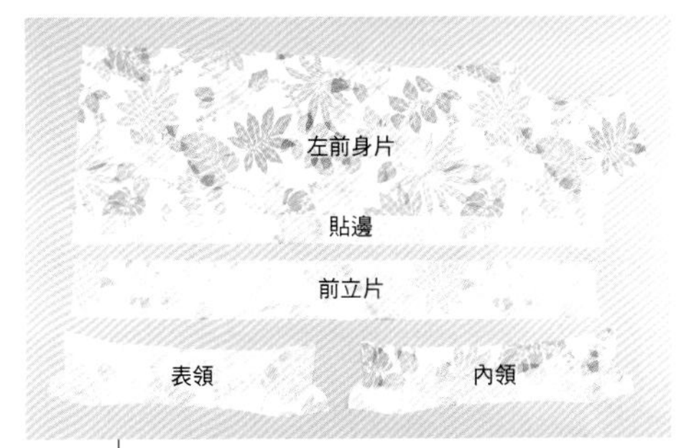

1　裁剪布料，接著再針對前立片、貼邊、表領與內領的領台部分，在背面燙貼紙襯；在身片的前後肩、袖下、貼邊、右前立片的縫份，分別縫上千鳥縫。

2　將前立片縫在右前身片上。

3　將前立片以正面相對的方式摺返，並縫合下襬的部分。左前身片一樣將貼邊以正面相對的方式摺返，並縫合下襬的部分。

4　將前立片翻至正面，縫上壓縫線。左前身片一樣翻至正面，並在貼邊壓縫線。

How to make 1
皇冠花朵圖案襯衫領洋裝

5 縫合前身片與後身片的肩線。

6 攤開肩線的縫份，並用熨斗燙平縫份。

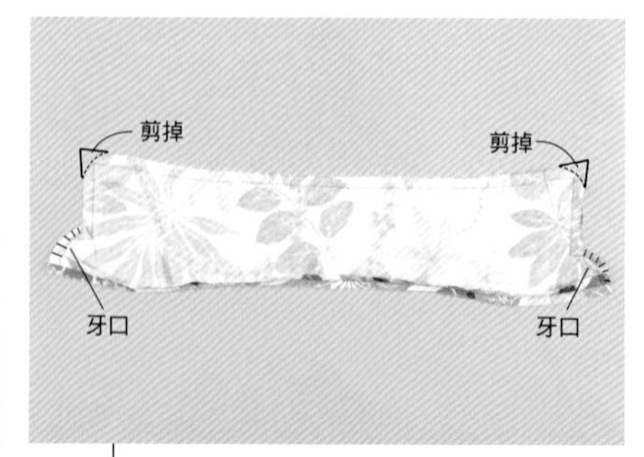

7 將表領與內領正面相對重疊，保留接合處不縫，其餘周圍全部縫合。將領角多餘的縫份剪掉，曲線部分剪出牙口。

8 將領子翻至正面，並在領子周圍壓縫線。

9 對齊內領與身片的騎縫印，並用大頭針固定後，先縫上疏縫固定，再正式縫合。

10 將表領的縫份摺向內側，接著與身片重疊後，再縫上疏縫。

11 縫合領子接合處，然後在領台部分壓縫線。

12 縫合脅邊，將兩片的縫份一起縫上千鳥縫，然後將縫份倒向前身片的方向，並用熨斗燙平縫份。

13 將下襬摺三褶之後縫合。

14 口袋口三摺後縫合，其餘三邊的縫份摺向內側，並用熨斗燙平後，將之固定在右身片上。

15 縫合袖下，燙平縫份。

16 袖口三摺後縫合。

17 將袖子與身片正面相對後縫合，兩片一起縫上千鳥縫。

18 在前立片上開鈕扣孔。

19 左前片則縫上鈕扣。

襯衫領洋裝完成了！

舒適好眠的臥室空間

Bed Room

對女孩子來說，臥室是個有些特別的空間。
以鮮豔的藍×紫色拼布毯為主角，
加上有著許多花環飛舞的棉質睡衣，
讓今天也能有個好夢。

臥室的好夥伴
七分長睡褲
Pajamas

七分長的睡褲上，有著華麗的花環圖案，
顯得可愛極了。
在眾多花朵環繞下，每天早晨醒來時，
都更加神清氣爽！

HOW TO MAKE P.75

炎熱的夏天就換這一款
花樣短睡褲
Pajamas

豔麗的藍底色上，
描繪著一圈一圈的花環。
想要放鬆一下、讓自己更有精神時，
最適合穿上這一款睡褲了。

在眾花的簇擁下
臥室是我的私人城堡

化身為公主的
優雅睡袍
Night gown

花樣和七分睡褲成套的睡袍，
亮麗的粉紅色花環圖案，讓精神為之一振。
入浴後或是剛起床時，隨手就能披上。

舒適可愛的室內鞋
Room Shoes

在最喜歡的紅色扶桑花輪廓上，
縫上壓線縫，周圍再滾上豔紅色的滾邊，
發揮相乘的效果。
柔軟舒適的觸感，讓人禁不住
想要整天穿著它。

HOW TO MAKE P.75
紙型請見第1面〔D〕

寶貝飾品收納其中
珠寶飾品袋

Jewelry Case

可愛的珠寶飾品袋，粉彩色系的底色，
以及相同花色的滾邊，
映襯桃紅色的扶桑花圖案。
將個人專屬的寶貝飾品，一一收藏其中。

HOW TO MAKE P.76

房間裡的最佳配角
面紙盒套

Tissue Box Cover

活潑的黃綠色絞染布料上，飾以鮮豔的
藍色與粉紅色布料，貼布縫而成蕨類植物葉片，
讓單調而乏味的面紙盒，瞬間換上漂亮的妝彩。

HOW TO MAKE P.76

紙型請見第2面〔H〕

被拼布毯包覆，往往能讓心情平靜，
所以總是和它一起，有個甜美的好夢。

睡個好覺、有個好夢
夏威夷拼布毯
Hawaiian Quilt

夏威夷風格的拼布毯，使用了紫色及水藍色，雙色搭配出時尚的睡蓮圖案。在神聖的夏威夷氣息環繞下，今天應該也能睡得又香又甜。

HOW TO MAKE P.77 紙型請見第2面〔I〕

營造溫柔光芒的燈罩

Lamp Shade

燈罩上使用了天然色彩的串珠，為檯燈換上新裝。
每當檯燈開啟時，燈罩上的皇冠花圖案就能浮現而出。

有沒有做個相親相愛的美夢呢？
枕頭套與泰迪熊

Pillow Case & Teddy Bear

枕頭套使用了色調柔和的絞染布料，
而泰迪熊則有著可愛的皇冠花朵。
無論哪一個，都是臥室的最佳夥伴。

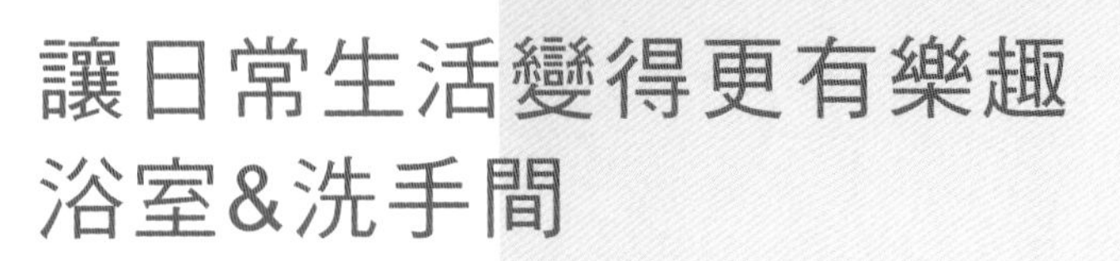

讓日常生活變得更有樂趣
浴室&洗手間

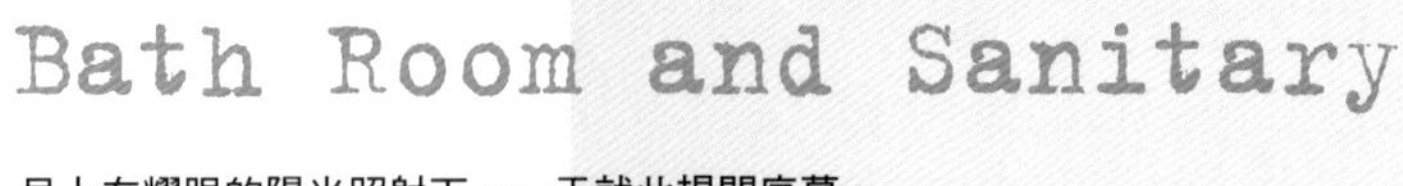

Bath Room and Sanitary

早上在耀眼的陽光照射下，一天就此揭開序幕。
扶桑花圖案的洗衣袋、毛巾、曬衣夾的袋子……，
如果一早就在夏威夷印花布的環繞中開始，
今天應該也能精力充沛度過一整天。

即使是麻煩的衣物清洗工作，
只要有夏威夷元素存在，就能
保持愉快的心情！

洗衣袋
Laundry Bag
紫藍色的扶桑花圖案，壓線縫在洗衣袋的上面。
打算清洗的衣物一件件丟進去，
今天是洗衣的好日子。

HOW TO MAKE P.79

洗衣夾收納袋
Pinch Bag
放置洗衣夾的收納袋，使用了大地色系的黃綠色
布料，上面還有搶眼的蕨葉！
袋口附有鐵鉤，方便掛在任何地方。

浴室踏墊
Bath Mat
以海洋為意象的條紋踏墊，
以及壓線縫浪花圖樣的浴室踏墊，
上面貼布縫著象徵幸福的海龜及椰子樹。

HOW TO MAKE P.79
紙型請見第2面〔J〕

毛巾
Towel
將三角形與四角形的布片
縫在雪白的毛巾上，再以綠色的紋染布滾邊。
有了它，每天的洗臉時間似乎會變得更快樂。

壁袋
Wall Pocket
綠色的毛巾布，搭配花環印花布，縫製成壁袋。
超大的收納容量，相當方便好用。

睡衣袋
Pajamas pochette
雪白的毛巾布材質束口袋，貼布縫了拼布式的布
塊，妥善收納超寶貝的睡衣們。

布料的故事
Fabric Story

2006年的新布料「扶桑花花邊布」，
布料上繪製著美麗的扶桑花圖案。
沉穩的成熟色調，受人矚目。

夏威夷拼布名師、擁有超人氣的中島凱西女士，除了拼布之外，還跨足布料的設計。她所設計的布料，正如同她的人一樣，兼具柔美與華麗。凱西女士攤開了柔美與華麗的夏威夷印花布，向我們訴說了與布料相關的各種故事。

設計布料時 必須傾注滿滿的「愛」

從很久以前開始，中島凱西女士就很喜歡充滿海洋風情的島嶼生活；包括拼布毯在內，以前她經常使用夏威夷的布料來縫製作品，然而她卻怎麼樣也找不到適合日本生活、散發柔和氛圍的布料。凱西女士表示：「在夏威夷當地，主要使用的是俐落的聚酯棉材質。這種布料的耐久性強，而且適合當地的風土氣候。但是我愈用愈想要使用膚觸柔軟的百分百棉質布料。」「怎麼找也找不到，索性就自己做吧。」這就是她跨入布料設計的契機。

孕育絕美布料的靈感來源，凱西女士告訴我們，就是一年之中數度前往的夏威夷大自然。

凱西女士說：「我喜歡濕潤的夏威夷，如瑪諾亞（Manoa；位在威基基的深處，一個幅員廣闊的山谷）一樣的地方，還有聖地也是；赤腳與地面接觸，你將可以感受到大地的能量，於是創意就一個接一個地湧現……。」

「大概是15年前，曾經有人對我說『妳的拼布毯漂亮是漂亮，但是卻沒有足夠的“mana”』。所謂的“mana”就是『愛』。這是夏威夷人非常重視的一個字彙。這著實令我感到震驚。從此以後，我嘗試從縫製的對象裡，尋找我可以看到的東西，於是我從頭開始學習夏威夷的歷史及文化。」接著凱西女士就從書架上抽出了幾本夏威夷的書，並且翻給我們看。

「每一種花都有它的意義，皇冠花可以實現年輕女子的戀情；歐胡島島花Ilima是珍貴的花朵。單單只做一條花環，就必須要使用1000朵的花。皇室的人們曾經配戴過的這種花環，最適合送給老奶奶們。若是送給心上人，絕不可以送鮮花，因為鮮花的花環代表了短暫的愛，所以如果是祈願永恆的愛，就該送珍珠或是貝殼編成的花環。」這些像是故事般的美好內容，讓我們不禁聽得入神。

「我深信，熱愛夏威夷、深入了解夏威夷，這一切和『愛』有著緊密的關聯。即使是在設計布料時，我一樣也是傾入了滿滿的心意。有人喜愛我的布料、在每天的生活中使用，這對我來說就是至高無上的喜悅了。而這也是使用者能感受到我的愛的證明」。

微笑對著我們說話的凱西女士，似乎散發著對於夏威夷、布料、以及人、萬物的「愛」。

這也是2006年的作品「花朵圖樣花邊布」。
綻放在熱帶島嶼的美麗花朵，散布在整個布面上，
其中一端則是花朵圖樣所串連而成的花邊。

美麗的花草、具有強大能量的大地及林木、從南方吹來的微風……，
夏威夷大自然中的一切，似乎全都能刺激凱西女士的創作意念。

Island Trip
令人嚮往的熱帶島嶼風

夏威夷還有許多你所不知道的事。每到冬季時節，鯨魚親子就悠閒地悠游在海灣一帶；山毛櫸森林裡，鳥兒吱吱喳喳地談天說地；噴灑出彩虹的瀑布、奔流入海的溶岩、迎風搖曳的芋頭田野；有著美麗雙眸、跳著古典呼拉舞的少女們，夏威夷總是熱情而溫柔地迎接我們。

和夏威夷拼布相遇後，開始跳起了呼拉舞的我，希望能更進一步了解夏威夷，只要一有時間，我就飛往夏威夷。抵達夏威夷的機場後，被甜甜花香包圍的我，原本的疲憊頓時一掃而空。我！現在就在夏威夷！而這一點就能讓我開心起來了。

有些疲憊不堪的旅人，雖然想早點到威基基去，卻上了巴士，隨著巴士繞來繞去。我一直認為，最好的方式不應該搭乘巴士，而應該是搭乘計程車，朝著威基基直奔而去，把行李寄放在旅館之後，脫去鞋子，踏踏海水，這樣就足以去除渾身的疲倦了。

在夏威夷的時間要自由自在，這是最重要的關鍵。在夏威夷島科納（Kona）看到的夕陽，可說是全世界最美的夕陽；還有雨水矇矓的希洛（Hilo）街道、傳說中火神蓓蕾居住的哈雷茂茂火山口（Halemaumau），夏威夷有著許許多多我所不知道的場所與人們。為了能擁有美妙的邂逅，於是我又再次前往夏威夷旅行。

「每天都有度假般的心情」
我喜歡的熱帶風情
Resort Style

晴朗的青空、祖母綠般的海洋、雪白的海灘……，
眼眸深處看到的景緻，正是一心嚮往的熱帶度假時光。
生活的周遭，假使有著夏威夷的衣服和小東西陪伴，
感覺就像是生活在美麗的熱帶島嶼一樣，充滿了幸福的氣氛。

全家人的夏威夷
阿囉哈襯衫
Aloha Shirts

阿囉哈襯衫的布料，
使用了印有扶桑花或是拼布圖案的布料。
只要改變圖案或色調，即使擁有再多件也不嫌多。

HOW TO MAKE P.80
紙型請見第2面〔K〕

CORON

恣意享受悠閒生活
活動性高的小可愛式露肩洋裝
Tube-top Camisole

水藍底色上，描繪著蕨類及鳳尾草的葉片，
讓小可愛式露肩洋裝呈現清爽的意象。
胸部處打上了滿滿的細褶，感覺可愛極了。

美麗藍色所組成的包包和手機袋

Bag & Mobile Case

華麗的包包和手機袋，
充分利用了花朵圖案串連而成的花邊。
只要背在肩上，立刻就能展現熱帶風情。

Resort Style

最適合酷熱夏日的
涼爽型渡假裝

盛夏時光，熾熱的陽光無情地照射，
讓人早上一起床之後，立刻就想到海灘去。
在這樣的盛夏週末裡，何妨縫製最適合此時外出，
既涼爽、又方便活動的服裝呢？

活力十足出門去
緊身八分褲

Sabrina Pants

使用藍色絞染布料縫製而成的緊身八分褲。
腰部使用了方便穿脫的繩帶，
搭配短上衣穿著，更能增添活動力！

Resort Style

真想快點出門去
時尚的美麗洋裝

蕨類植物的圖案，讓洋裝散發沉穩的氣息，再搭配扶桑花圖案的包包，
略帶優雅與品味的洋裝及配件，最適合購物或是享受美食的時刻。

和媽媽同穿一款的
休閒洋裝
Casual Dress

蕨類植物圖案的布料，
縫製成前開襟的洋裝。
腰部用細腰帶塑造出線條，
讓可愛更加分。
另外再縫製一件同款不同色的洋裝，讓孩子也能一起穿。

HOW TO MAKE P.82
紙型請見第1面〔E〕

華麗扶桑花樣的
包包與手機袋
Bag & Mobile Case

包包與手機袋的材料，使用了鋪棉
與扶桑花串連而成的花邊圖案布料。
搭配白色的皮革提把，整合了整體的時尚感。
只要搭配這一款包包，素雅的洋裝也能變得華麗無比！

HOW TO MAKE P.84

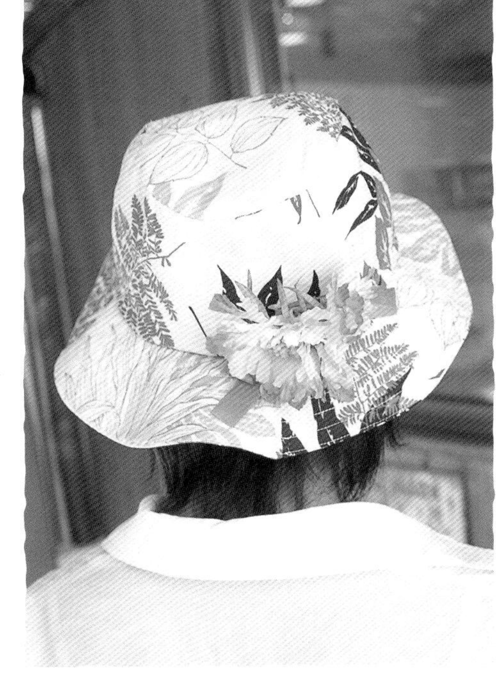

發揮畫龍點睛效果的花朵飾品
附胸花的帽子
Hat

藉由蕨類植物圖案呈現沉穩氣息的帽子上，
搭配了重點裝飾的胸花。讓自己喜歡的花朵，
為帽子增添與眾不同的感覺。

設計、製作／勝野洋輔

繫上藍色緞帶的寬帽緣草帽
Straw Hat

在孩子的寬帽緣草帽上，繫上漂亮的緞帶。
緞帶布料上，描繪著象徵女孩的皇冠花
以及赤道櫻草的花環，後方再加上漂亮的花朵裝飾。

最適合輕便旅行的
波士頓包
Boston bag

波士頓包及手機袋上的熱帶花朵，
鮮豔地浮現在深黑底色
以及米色的花朵圖案上，
使得包包整體散發出略帶成熟感的氣息。

HOW TO MAKE P.88

Resort Style

讓旅程更有趣的
旅行用品

興奮、期待，
旅行的起點，就從打包行李開始。
心愛的夏威夷風格用品，一個、兩個……，
有著手工藝作品陪伴的旅程，讓開心更加倍。
期盼旅行的過程更加快樂！

千萬不能忘了帶──七彩鴨舌帽
Casquette

各種不同色彩的紋染布料，
以及皇冠花圖案的布料組合，縫製成七彩鴨舌帽。
和素雅的衣服搭配，更能突顯七彩鴨舌帽的特色！
設計、製作／勝野洋輔

將所有東西全部塞入最心愛的包包裡

睡衣袋
Lingerie Case

淺綠色的絞染布料與粉紅色花朵
圖案的組合，呈現美麗的色調搭配。
內側附口袋的設計，最適合用來收納整理。

HOW TO MAKE P.90

寶特瓶袋
Pet Bottle Case

有著扣環設計的寶特瓶袋，
可以方便地掛在身上。
放進500ml的飲料，然後將束口帶束緊，
大小剛好可以露出一點點寶特瓶蓋。

飾品袋
Jewelry Case

貼布縫花朵圖案與四角形拼布的迷你飾品袋，
大小剛好可以握在手中。
可依照顏色及花色使用，區分不同的飾品內容。

HOW TO MAKE P.95

Resort Style

悠閒的假日時光
就換上快樂的度假裝扮吧

陽光普照的日子裡，我決定到附近的公園走一走，
坐在樹蔭下，悠閒地睡個午覺、看看書。
這種時候，最適合的服裝就是休閒的裝扮。
於是我戴上寬帽緣的草帽，享受改變形象的樂趣。

寬帽緣草帽
Straw Hat
在帽子上套上扶桑花圖案的布料，
讓草帽搖身一變，成為時尚的款式。
相信它一定能成為服裝搭配的主角！

穿起來更纖細的海灘裙
Wrap Skirt
捲繞式的長裙上，印染著熱帶的花朵，
並有著花朵串連而成的花邊圖案。
搭配T恤或是無袖線衫，都讓身型顯得更加
美麗與修長。

HOW TO MAKE P.81

Resort Style

青春洋溢的少女心
俏皮而時尚的服飾裝扮

可愛的粉紅底色上，有著華麗而漂亮的圖案。
俏皮的洋裝與小配件，充分活用了女孩一定喜歡的顏色與圖案。
接下來，就裝扮得可可愛愛，開開心心出門去吧！

粉紅色花朵圖案無袖洋裝
Camisole One-piece
扶桑花及皇冠花之類的花朵，熱熱鬧鬧地散
布在身上，充滿了少女般的氣息。
繫上腰帶後，連身型也變得更優美了。

HOW TO MAKE P.85

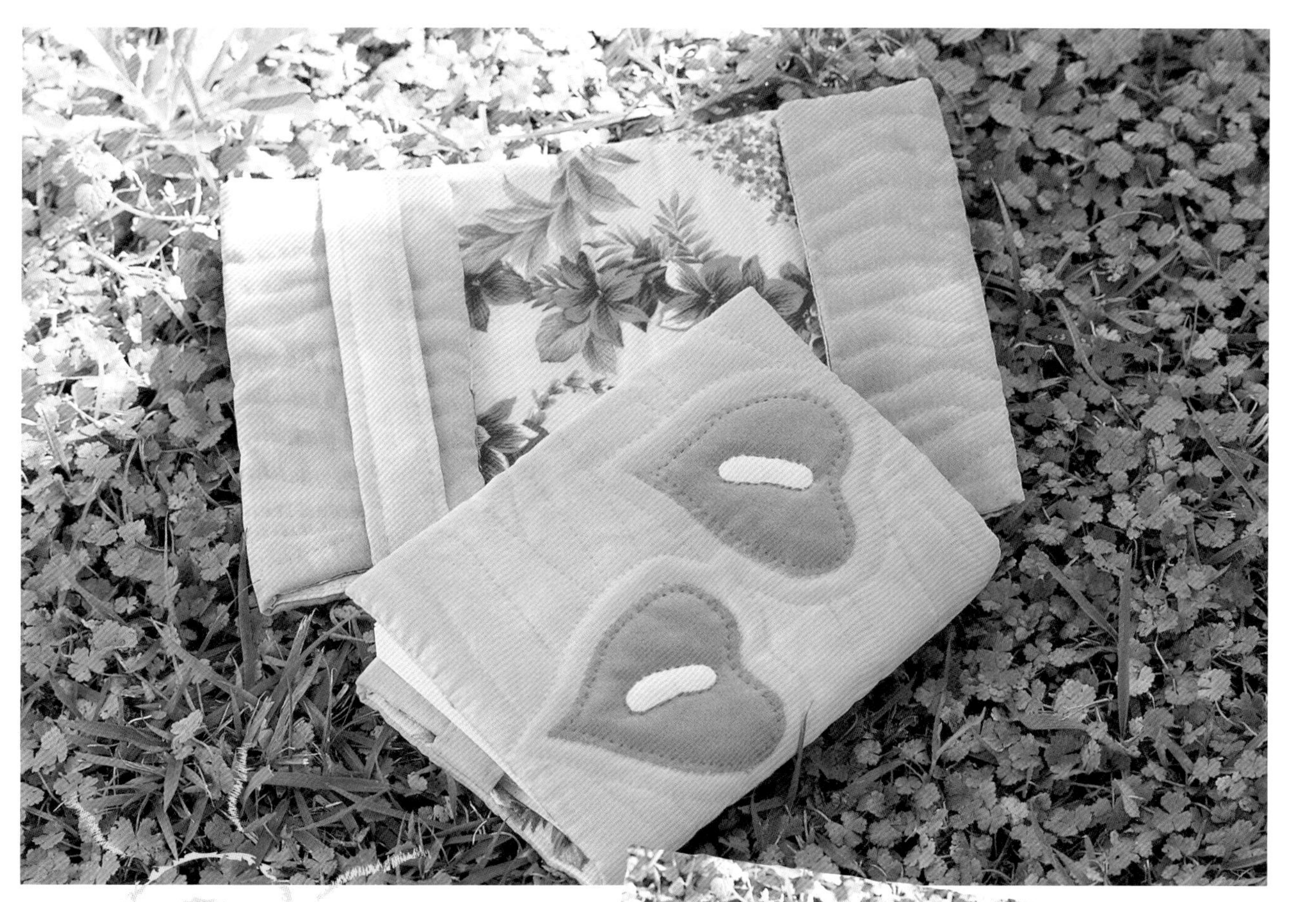

裡外皆美的書套

Book Cover

書套外側貼布縫了火鶴花及海龜的剪影，
周圍再縫上波浪形的壓線縫，營造膨鬆柔軟的感覺。
內面使用了夏威夷的印花布料，呈現低調的華麗感。

HOW TO MAKE P.86

俏皮可愛的化妝包

Vanity Case

附有提把、方便攜帶的橢圓形小化妝包。
何妨縫製數個同款而不同色的化妝包，
享受與洋裝搭配的樂趣！

HOW TO MAKE P.87

度過優雅的時光
夏威夷洋裝
Hawaiian Dress
以橘色絞染布料縫製而成的鮮豔長洋裝，
連背影也顯得修長而優雅。

無論是洋裝或是休閒裝扮都合適
橘色迷你手提包

Mini Bag

迷你手提包的上面，貼布縫著皇冠花
及蕨類植物的布片，並且縫上壓線縫的線條。
皮革材質的背帶、閃閃動人的串珠，
發揮了重點裝飾的效果。

HOW TO MAKE P.83
紙型請見第2面〔L〕、作法步驟請見P.52

Resort Style

徹底的典雅裝扮
營造出有如公主般的心情

需要打扮得漂漂亮亮參加宴會嗎？
這一款及踝長度的典雅夏威夷洋裝，
將能塑造修長而優美的姿態，
加上同色系的包包後，整體搭配就完美極了。

完成尺寸　約13×19cm
49頁的作品　作法請見83頁
紙型請見第2面〔L〕

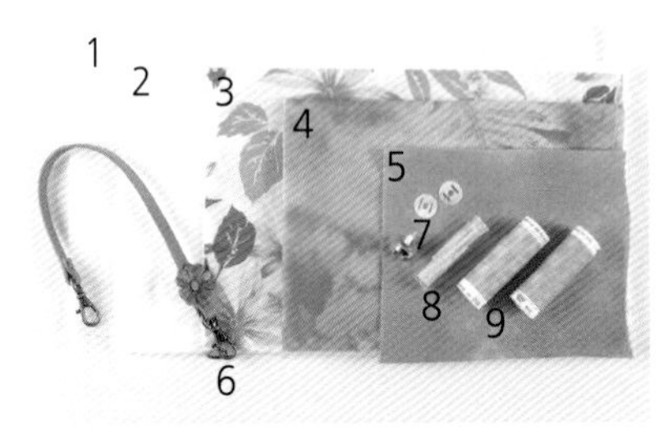

材料
1 鋪棉40×25cm　2 襠布40×25cm　3 底布：皇冠花圖案布、白底色40×25cm　4 貼縫布：綠色絞染布30×15cm　5 貼縫布：橘色絞染布12×24cm　6 皮革提帶1組（附D扣環2個）　7 磁扣1組　8 圓形小串珠20個左右　9 線　其他／紙襯25×10cm

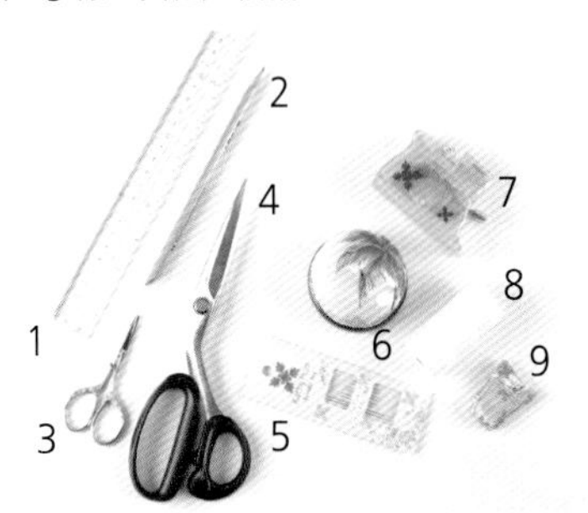

工具
1 直尺　2 鉛筆或布用鉛筆　3 剪線用的剪刀　4 剪布用的剪刀　5 手縫針　6 針插　7 桌上型穿線器　8 手縫線　9 頂針

How to make 2

換一條長的皮革背帶，立刻就變身為斜背包！

橘色迷你手提包

1 將裁剪好的貼布縫布片放在底布的上面，然後在距離貼布縫布片內側1cm左右的地方疏縫固定。

2 貼布縫的時候，用針尖邊將縫份往內摺，邊縫上直針縫。縫至葉子的尖端之後，先用針尖將尖端的縫份往內摺，接著再將另一邊的縫份也往內摺，摺出銳角的形狀，並在修整形狀後，直接繼續往下縫。

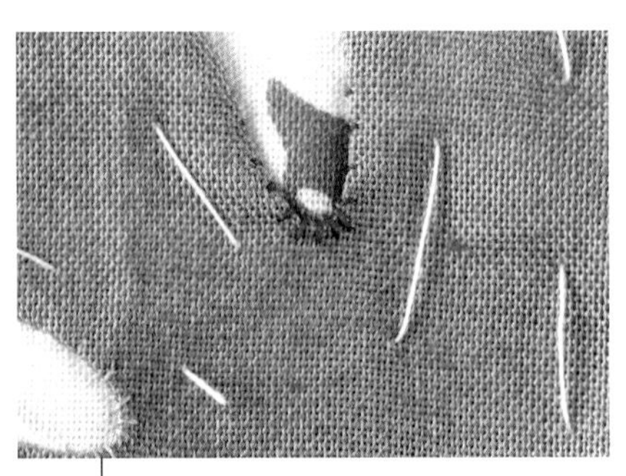

3 牢牢地縫上捲針縫，以避免V字部分的布邊散開。圖片上為便於了解，而使用了紅色的縫線。

4 布片貼布縫完成後，將襠布、鋪棉、以及步驟3的表布依序重疊後，由中心往外縫上放射狀的疏縫。

5 縫上落針縫與壓線縫。共縫製兩片。

6 將表布與裡布正面相對，保留提袋口不縫，其餘周圍則全部縫合。

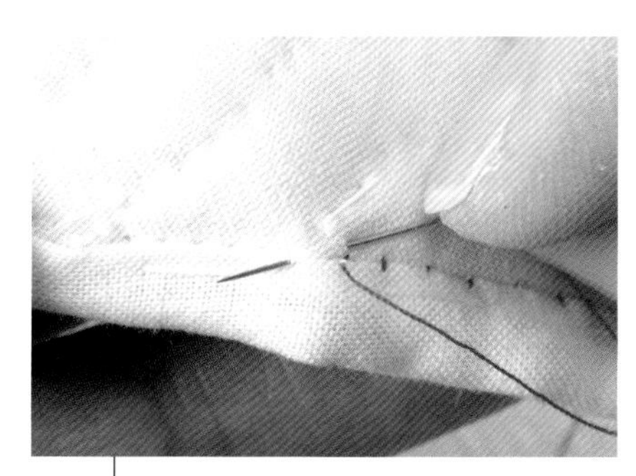

7 保留單側襠布的縫份不剪，其餘的縫份全部剪齊為0.7㎝。接著以保留之襠布縫份，將其他縫份包起來，並以直針縫縫合。

8 將紙襯燙貼在貼邊上。

9 將磁扣分別固定在貼邊上。磁扣部分建議最好夾上不織布，可避免損傷布料。

10 準備兩片3×5㎝的布環布片。先燙貼紙襯，然後將之三摺後，穿過D扣環，接著再縫合布環的兩側。

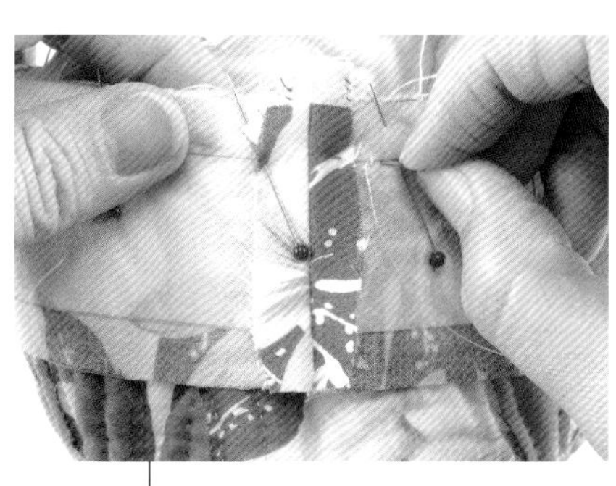

11 將布環夾在提袋口，然後以拼接貼邊的方式，將布環縫在貼邊上。

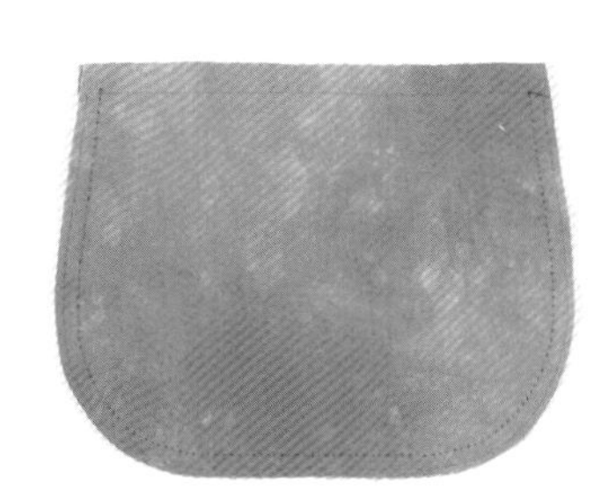

12 縫製內袋。將內袋布正面相對後，保留袋口不縫，縫合其餘周圍。

13 將貼邊重疊在內袋口的位置，先疏縫固定位置，再以直針縫縫合。

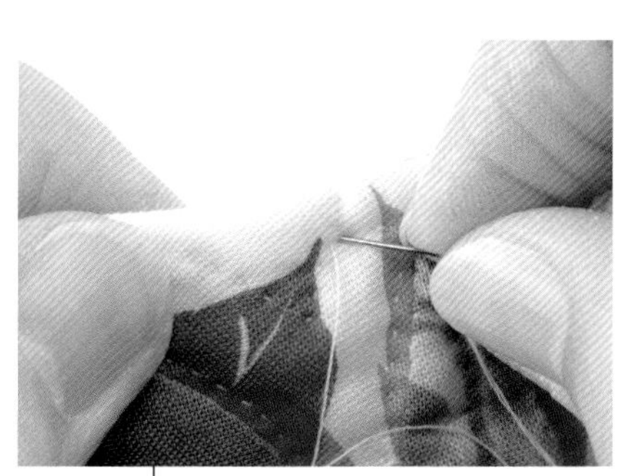

14 在距離提袋口下方0.5㎝的位置，縫上星止縫。

扣上皮革提帶後，
迷你手提包就大功告成了！

完成尺寸　約8×19cm
61頁的作品　作法請見94頁

材料
1 鋪棉20×25cm　2 襠布20×25cm　3 藍色紋染布10×15cm　4 粉紅色花邊圖案印花布10×15cm　5 綠色紋染布10×15cm　6 粉紅色皇冠花圖案10×15cm　7 黃色紋染布（拼布、滾邊用）40×40cm　8 粉紅色紋染布（裡布）20×25cm　9 扶桑花花邊布2片　10 線　其他／20cm拉鍊

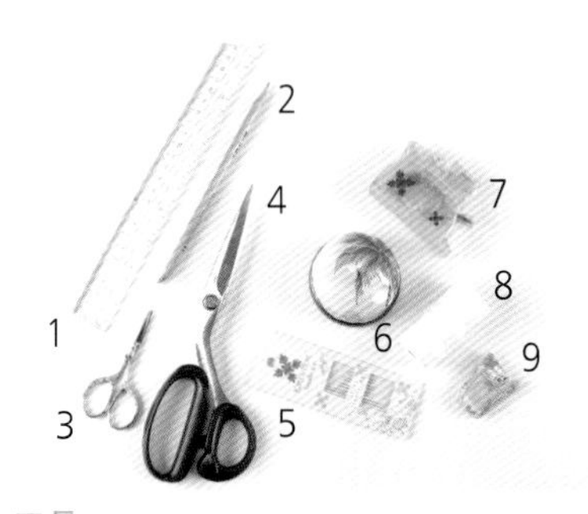

工具
1 直尺　2 鉛筆或布用鉛筆　3 剪線用的剪刀　4 剪布用的剪刀　5 手縫針　6 針插　7 桌上型穿線器　8 手縫線　9 頂針

How to make 3

組合自己喜歡的花色！

花朵繽紛鉛筆盒

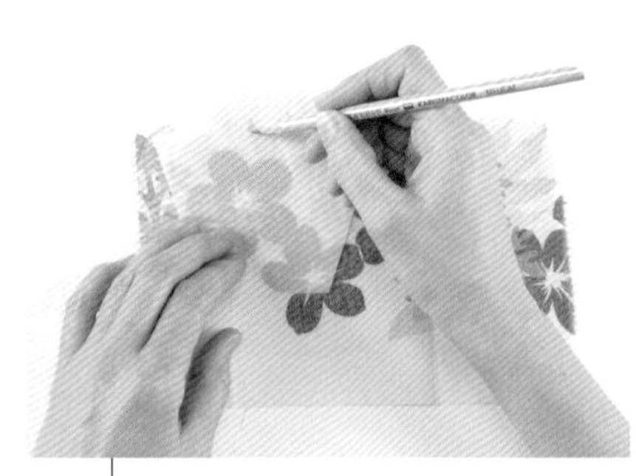

1　備妥各布片的紙型，用鉛筆將紙型描在布料的背面。在各紙型的邊角部分標上明確的記號，以避免對齊的時候有所偏差。

2　將裁剪完成的布片，以正面朝上的方式排放，確認配色與配置是否正確。

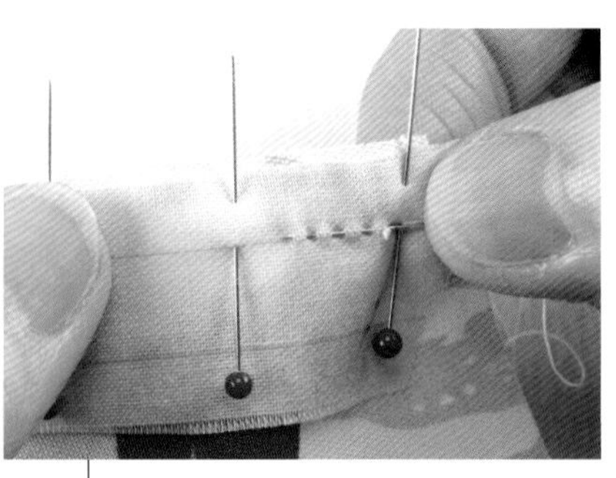

3　以回針縫從起縫點縫至止縫點，將布片拼縫在一起。

4　單片拼縫完成後，再縫製相同的另一片。

5　將步驟4的兩片布塊正面相對後，縫合底部的部分。將縫份往其中一邊燙平。

6　將襠布、鋪棉、步驟5的布塊依序重疊後，以疏縫固定位置。

7 在花朵圖案的邊緣壓線縫，拼布的邊緣則縫上落針縫。

8 壓線縫完成的狀態。

9 備妥3.5㎝寬的滾邊用斜布條60㎝。將兩條布條正面相對拼縫在一起。用熨斗燙平縫份，並將多餘的縫份剪掉。

10 將斜布條的布邊與本體布邊對齊，先以大頭針固定後，接著再以半回針縫縫合。將縫份剪成0.7㎝寬，然後用斜布條包起來，縫上滾邊。

11 滾邊完成後的狀態。

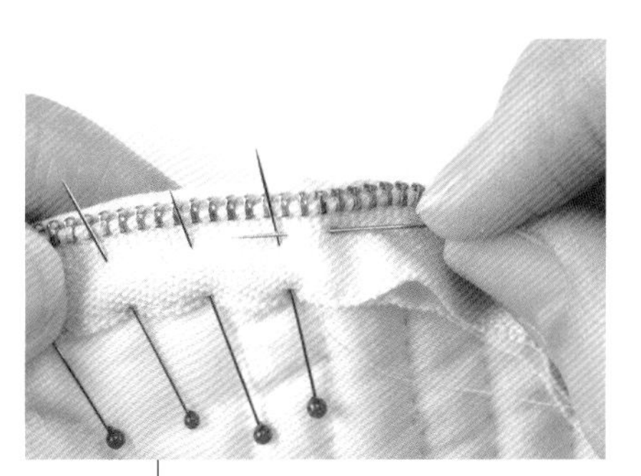

12 將滾邊的邊緣與拉鍊對齊、確定位置後，一針一針縫上回針縫固定。

13 將步驟12的正面相對後，以捲針縫縫合兩側，縫至止縫點的位置，然後縫出側邊的厚度。

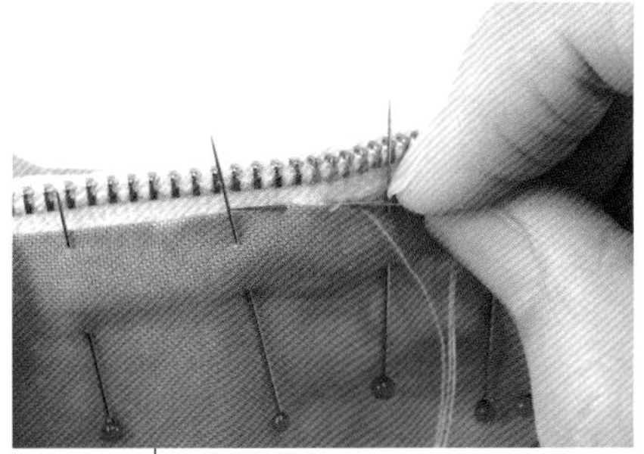

14 以相同方式縫製內袋。完成後再將內袋放入本體之中，以直針縫將內袋固定在拉鍊布上。

鉛筆盒大功告成了！

Hawaiian for
嬰兒與孩童們的好玩伴

充滿著繽紛色彩的兒童房
就像是打翻了寶藏箱一樣

永遠活力充沛的孩子們，如果被最喜歡的夏威夷印花布包圍，將會展現更開心的笑容。
不僅色彩繽紛，而且還具有膨鬆柔軟的膚觸，這種拼布毯最適合兒童房了。

baby & kids

在我家孩子年紀還小的時候，我們曾經在山上過著田園生活，孩子的爸爸因為工作的關係，需要經常到東京，而我和孩子們則是度過了一段悠閒的時光；住家的周圍什麼都沒有，想要買什麼東西時，必須開車20分鐘以上才有商店。

在這樣的生活當中，我學會了許許多多的手工事物。像是自創的磅蛋糕、將從小菜園採摘的小黃瓜或胡蘿蔔做成泡菜，別人送的毛線則先用洋蔥染色後，織成毛衣、圍巾；當然，拼布也做了很多，像是孩子們的床單、手提袋、小包包等，我甚至還參考了書籍，自行製作了紙型，然後踩踏縫紉機縫製衣服。

已經長大了的女兒們，現在仍然會聊到那時令人懷念的恣意生活。然後懷念著手工製作的每一件東西，並且真心地讚美我一番。當有一天，女兒們也為人母時，我還是想為孫兒們做些東西。為什麼呢？因為我在製作的當下，真的覺得很幸福。在我的身邊，總是有著小小孩瞪大眼睛盯著我看，那個時候的生活已經不會再回來了，而那也是我珍貴的回憶。期盼各位也能擁有如此珍貴的回憶。

盡情玩樂、好好地長大喲！
彩色收納箱&地墊
Color Box & Floor Mat

使用黃色絞染布料，並貼布縫著暗紅色玫瑰圖案的地墊，正適合當成遊戲墊使用。
貼著色彩繽紛夏威夷印花布的彩色收納箱，用來放置玩具也相當方便。

HOW TO MAKE P.94

和最愛的媽媽一起出門時
打扮成略帶正式感覺的小淑女

今天要和媽媽一起到有點遠的地方去，在這種時候，
夏威夷印花布同樣能發揮大大的功能。
將夏威夷印花布妥善運用在洋裝與帽子上，即可塑造
出可愛的小淑女形象。

花團錦簇的粉紅色洋裝
One-piece

洋裝上有著扶桑花圖樣，搭配雪白的緬梔花花環圖案。
衣服之中蘊含著媽媽的期盼，希望擁有緬梔花的人，
能夠得到真正的幸福。

HOW TO MAKE P.91
紙型請見第2面〔M〕

小淑女的裝扮
附胸花的寬帽緣草帽
Straw Hat

以數種布料製作花瓣，然後縫製成胸花。
將胸花別在帽子上捲繞的布條上，
草帽頓時變成帶有正式感的風貌。

有時候稍微大膽一些！
捲上華麗布條的草帽
Straw Hat

布滿蕨類植物圖案的成熟風布料，
將之縫製成皺褶狀，然後捲繞在帽子上。
看起來雖然簡單，卻立即呈現了大膽而且略帶成熟味的感覺。

baby & kids

不知道她們會不會乖乖在家呢？
姊妹們第一次留在家裡看家

即使是第一次自己看家，只要家裡有著許許多多的
夏威夷花朵，那可就一點也不覺得寂寞了。
姊姊掃掃地，而妹妹則是畫畫圖，
在媽媽回來之前，可要乖乖當個好孩子喲。

打掃時間到了，快點來吧！
圍裙&頭巾
Apron & Babushka

以花邊布縫製而成的圍裙，
為突顯活力十足的圖案，而採用了簡單的設計。
頭巾則是貼布縫了裁剪的圖案。

HOW TO MAKE P.92

今天要用什麼顏色的色筆呢？

花朵繽紛鉛筆盒

Pen Case

善用扶桑花圖案的拼布技巧，縫製成可愛的鉛筆盒。
媽媽、姊姊和我，每個人都有一個喔。

HOW TO MAKE P.94

作法步驟示範請見P.54

在母愛的關愛下
充滿了無限幸福的嬰兒用品

隨風搖曳的玩具，以及毛巾布材質的柔軟圍兜兜，
使用了色調柔和的夏威夷印花布予以整合。
具有個性的花色，只要局部使用在小東西上，
即可擁有如此時髦的感覺。

隨風搖曳、輕輕飄盪
動物圖樣的玩具

Mobile

搖過來、盪過去，每當可愛的動物圖樣玩具輕搖擺動時，
無論是寶寶或媽媽，全都露出了幸福的笑容。

兩面皆可使用
花樣×雙層棉紗圍兜
Bib

夏威夷花環的圖樣，散置在圍兜上。
雙面皆可使用的設計，可以隨自己的心情選擇使用。

裝著滿滿的愛意
口袋圍兜
Bib

附口袋的圍兜，口袋部分使用了緬梔花的花環布，
以及扶桑花的印花圖案布料。
方便與美麗的設計，讓人禁不住想要改變顏色，多縫製幾件。

熊寶寶也喜歡花兒嗎？
熊寶寶&圍兜
Bear & Bib

可愛的藍色圍兜使用了扶桑花與
緬梔花的印花布，並用相同的布料滾邊。
今天也讓花樣熊寶寶和圍兜，陪著寶寶一起睡午覺吧。

baby & kids

期待著早一天出門去
寶寶外出用品組

對於剛出生沒多久的寶寶而言，外面盡是未知的世界。
有一天，和爸爸、媽媽、哥哥，穿上同系列的夏威夷印花布，一起出門去。
寶寶今天的睡夢中，同樣有著如此幸福的夢境，讓這一覺睡得又香又甜。

真想和朋友同穿一款
嬰兒鞋

Baby Shoes

扶桑花圖案的嬰兒鞋，分為紅色款與藍色款，
真想和朋友一起同穿一款。
對於踏出新世界的第一步而言，嬰兒鞋是相當重要的用品。

HOW TO MAKE P.90

讓別人羨慕的可愛帽子和圍兜

Hat & Bib

以夏威夷拼布為意象的布料，縫製成整套的帽子與圍兜。
連圍兜都有外出型，看起來真的很時尚喲。

HOW TO MAKE P.93
紙型請見第1面〔F〕

真想和她永遠在一起
穿著洋裝的熊娃娃

Hawaiian Bear

穿著夏威夷洋裝的小熊，是我的第一個好朋友。
即使出門去，也會陪伴我、跟我在一起喲。

單位=cm S=壓縫線

圍裙裝製作圖

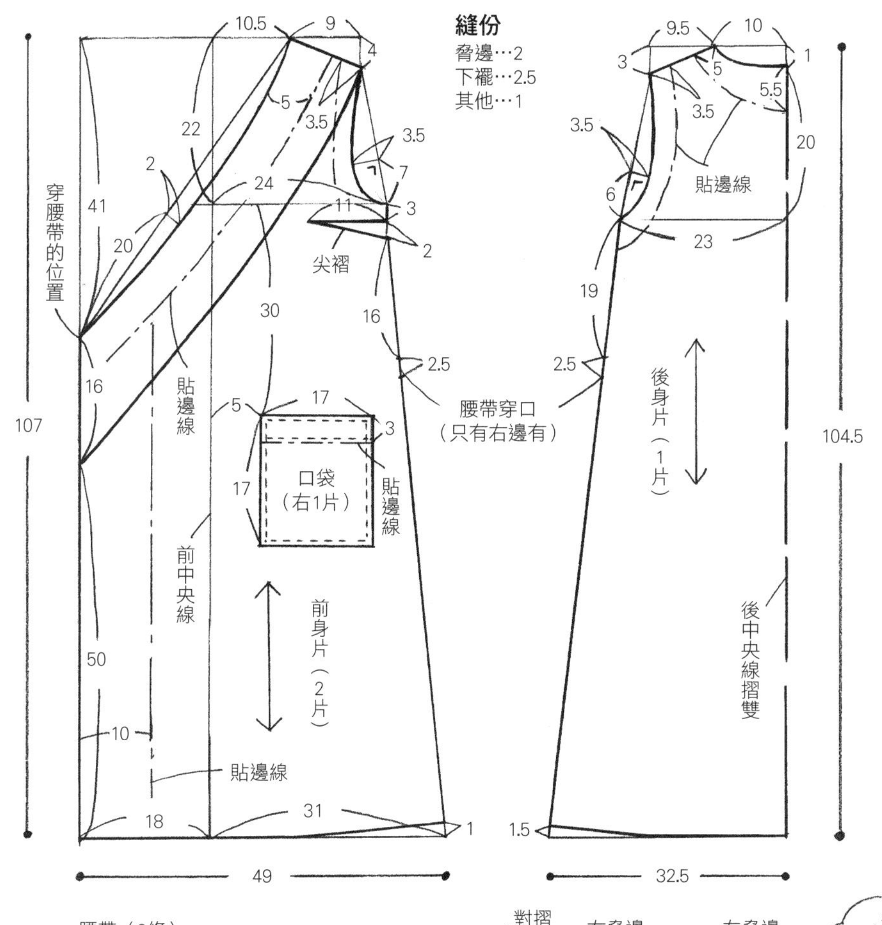

圍裙裝

實物照片p.12

材料

淺駝色花朵圖案印花布110×300cm
紙襯90×50cm

作法

❶將紙襯燙貼在貼邊上，縫上口袋。
❷縫合尖褶、前身片。
❸將前、後身片正面相對，縫合肩線。
❹右脅邊保留穿腰帶的穿口後，其餘脅邊全部縫合。
❺前端縫上貼邊。
❻領口縫上貼邊。
❼袖口縫上貼邊。
❽將下襬三摺之後再縫合。
❾縫上腰帶。

完成尺寸 請參照圖示

腰帶（2條） 對摺 右脅邊 左脅邊 70 95

縫合前身片

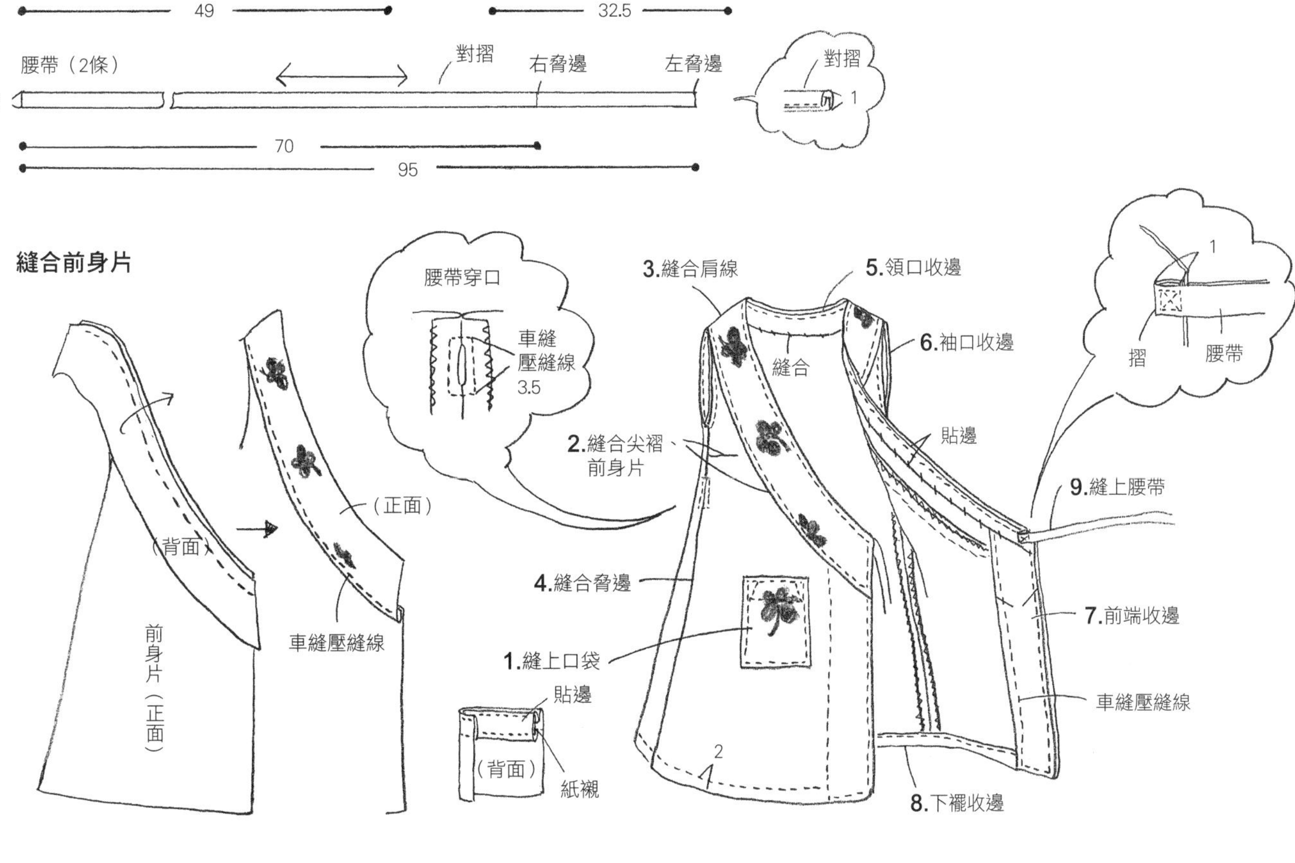

餐墊&茶壺保溫罩

實物照片p.9
紙型請見第2面〔G〕

材料（茶壺保溫罩）

粉紅色絞染布60×30cm
貼布縫布片綠色、粉紅色絞染布各適量
裡布、滾邊布60×30cm
襠布、鋪棉各60×30cm
雙面紙襯適量

作法

❶將貼布縫布片貼布縫在底布上，縫製成兩片表布，接著將兩片表布分別和鋪棉、襠布重疊，再壓線縫。
❷將❶正面相對，在中間夾布環後縫合。
❸將裡布正面相對後縫合，接著將之與❷背面相對後，縫合開口的部分。

完成尺寸　請參照圖示

材料（餐墊）

粉紅色絞染布（包含滾邊布）110×65cm
貼布縫布片綠色、粉紅色絞染布各適量
裡布、鋪棉各55×40cm
雙面紙襯適量

作法

❶將貼布縫布片貼布縫在表布上，接著重疊鋪棉與裡布後壓線縫。
❷在❶的外圍縫上滾邊。

完成尺寸　請參照圖示

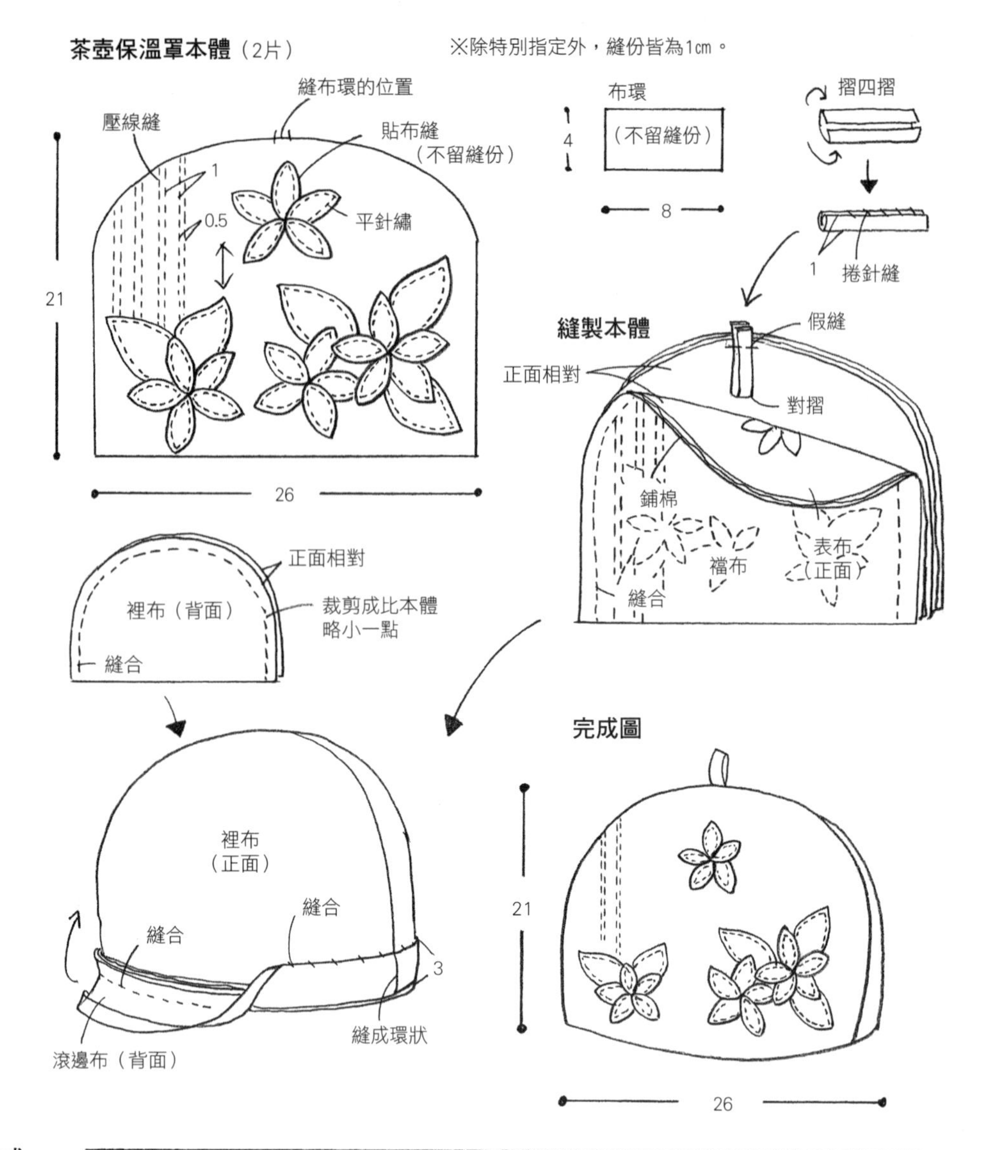

貼布縫布片（不留縫份）的處理方式

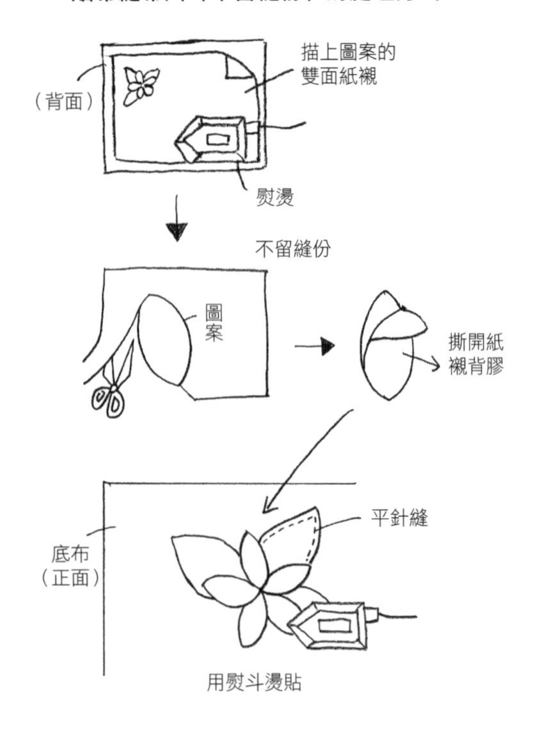

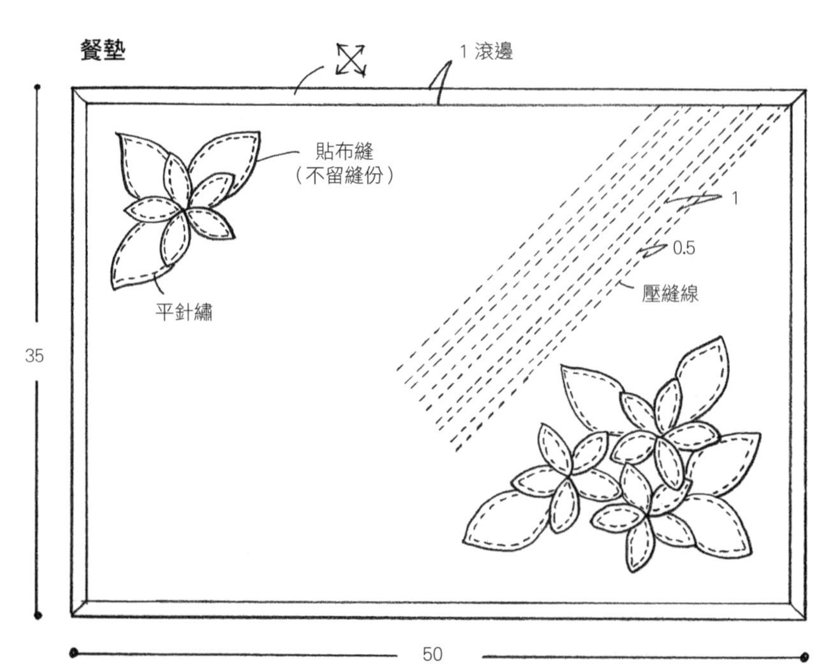

餐墊

實物照片p.9

材料

粉紅色花邊圖案印花布15×150㎝

拼布片用白色、粉紅色系布各適量

裡布、鋪棉各50×40㎝

作法重點

❶拼縫布片，縫製成中央部分，外圍再縫上邊框（花邊）布。

❷將鋪棉、裡布與❶重疊，再壓線縫。

❸將❷的外圍多餘鋪棉剪掉，接著將表布與裡布往內摺，然後縫合。

完成尺寸　請參照圖示

餐墊的配置圖

※縫份為1㎝

5
5
10
10
10
10
10
30
40
配合圖案縫上壓線縫
0.2
壓線縫
邊框（花邊布）

外圍收邊，剪掉鋪棉
裡布（正面）
縫合

〈縫製拼布塊〉

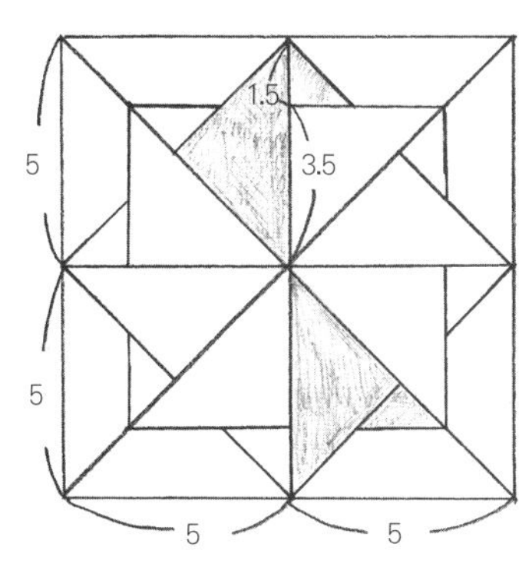

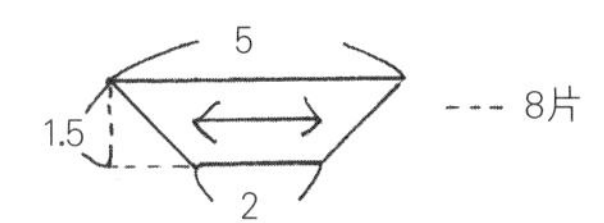

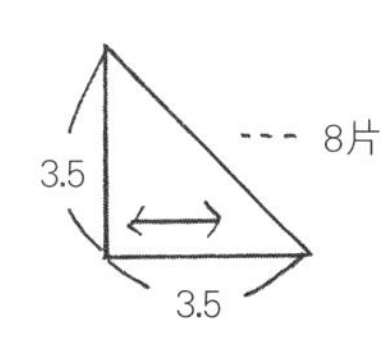

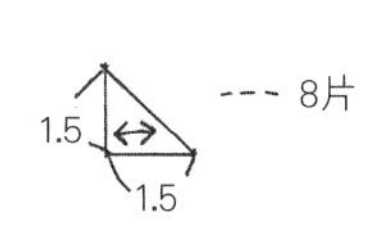

〈拼縫順序〉

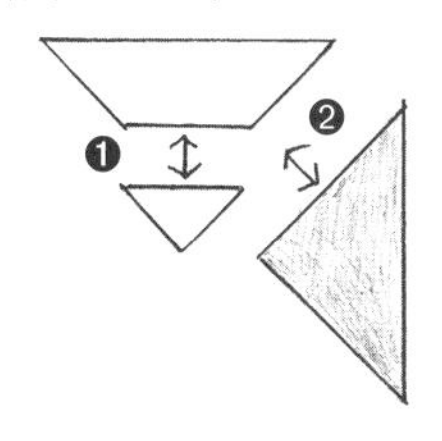

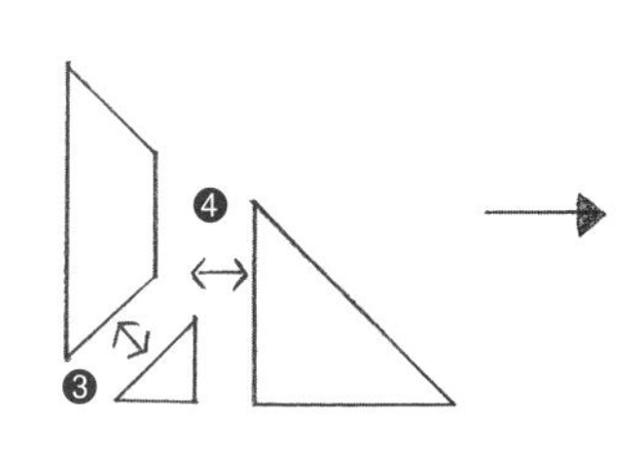

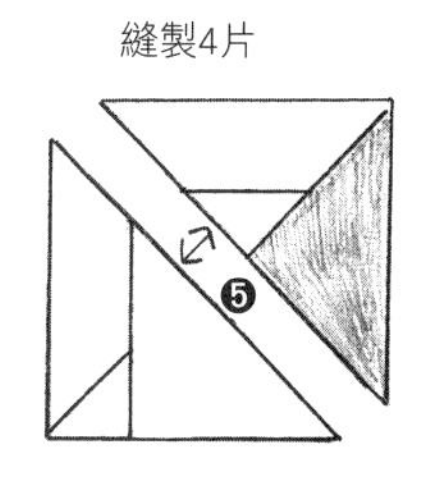

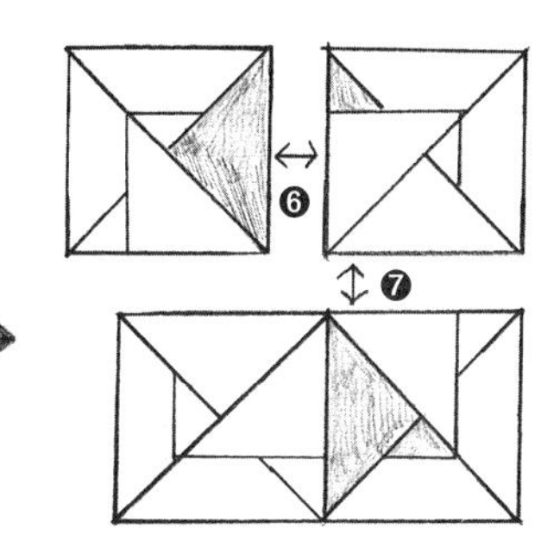

〈縫法〉

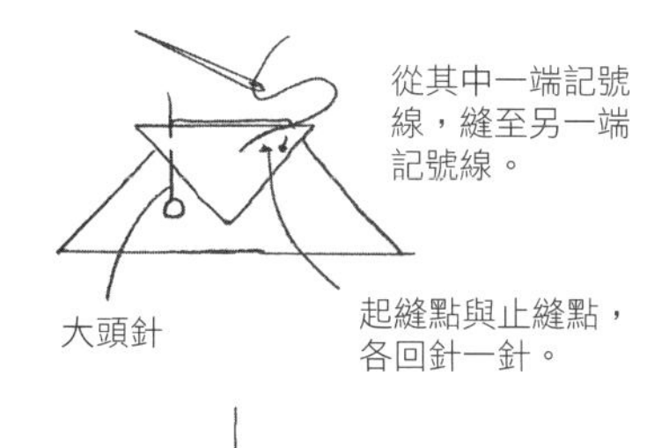

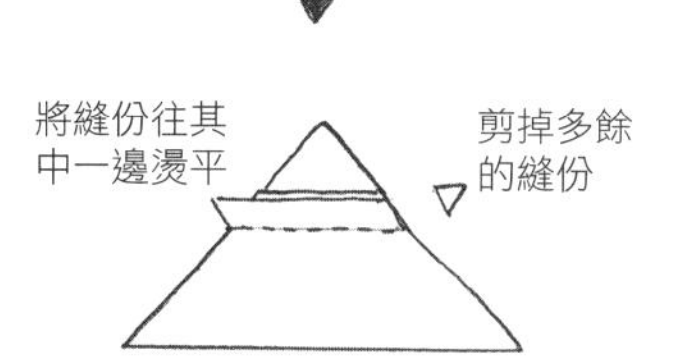

〈壓線縫的方法〉

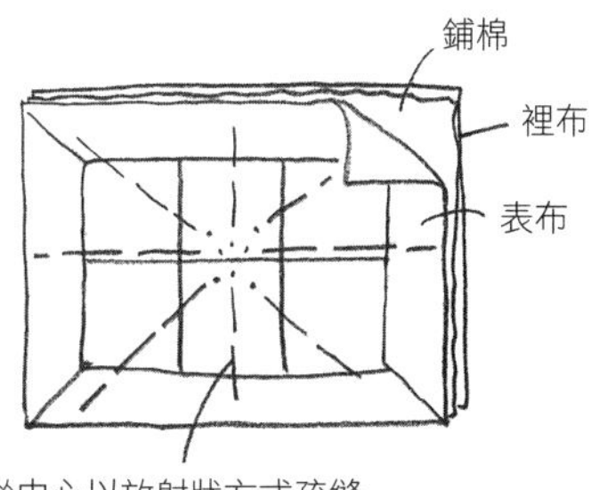

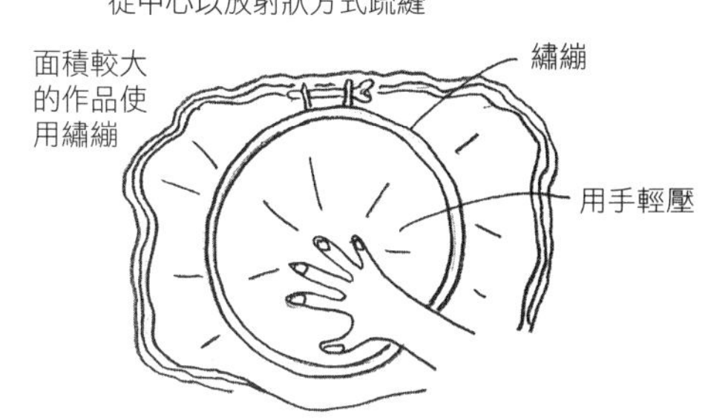

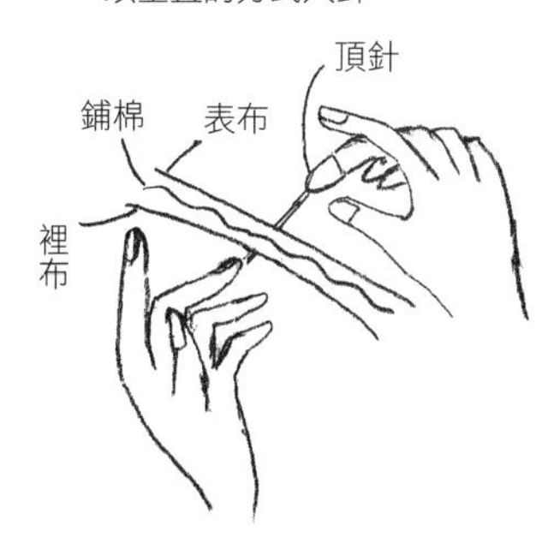

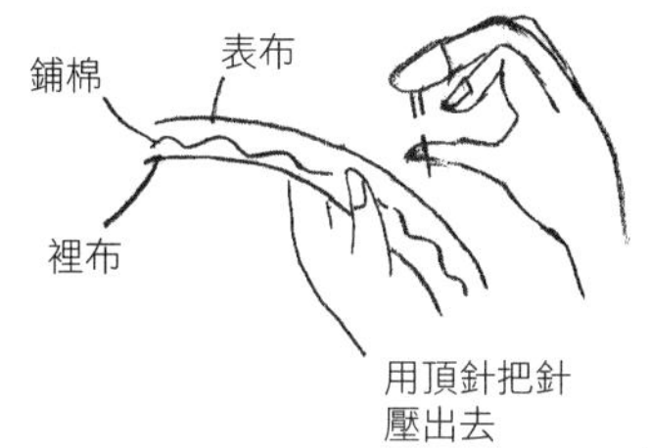

餐具套

實物照片p.11

材料

本體綠色花朵圖案印花布40×60cm
口袋綠色漸層印花布50×40cm
口袋裡布、鋪棉各40×20cm
紙襯35×25cm
1cm寬棉布條100cm

作法重點

❶將口袋表布與鋪棉、裡布重疊後壓線縫。在口袋的上端縫上滾邊後，完成口袋的部分。
❷將❶重疊在本體內側布上，縫上金蔥分隔線。
❸將紙襯燙貼在本體外側布上。
❹將❷與❸正面相對，並將布條夾在中間，保留返口不縫，其餘全部縫合。
❺翻至正面後，縫合返口，接著在上端壓縫線。

完成尺寸　請參照圖示

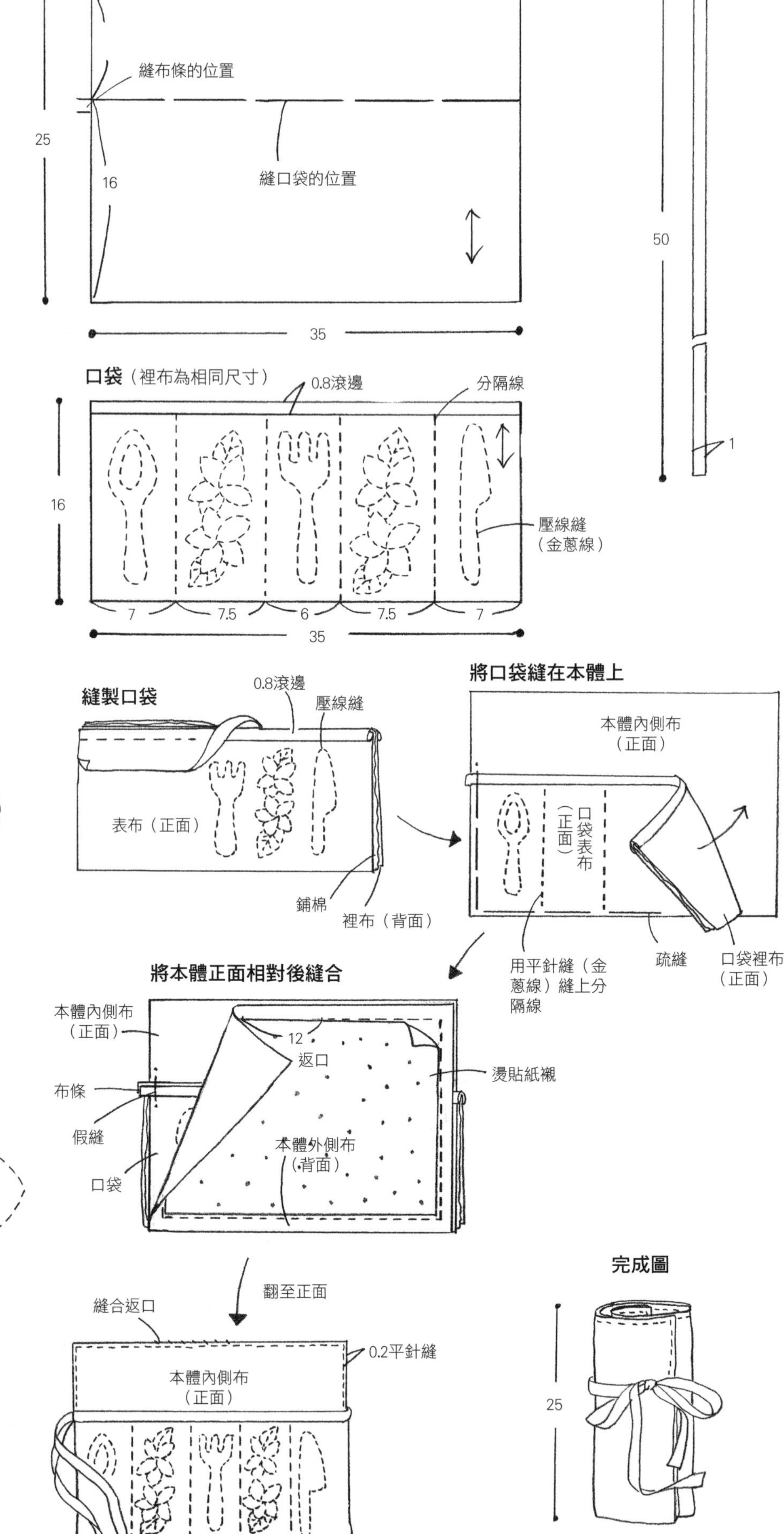

壓線縫的圖案

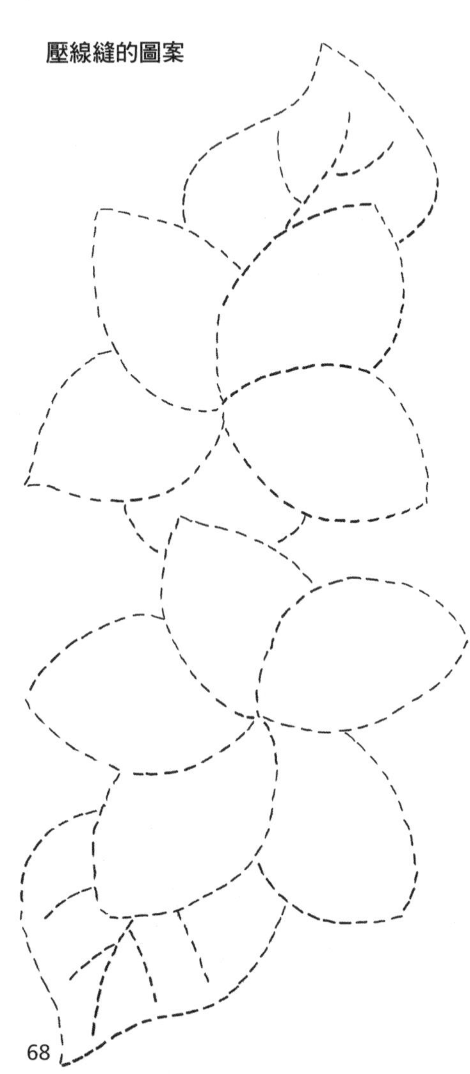

靠墊

實物照片p.22

材料

紅色花朵圖案印花布110×50cm
拼布片用白色花朵圖案印花布30×20cm
白色素面布40×30cm
襠布、鋪棉各50×50cm
40cm拉鍊1條

作法重點

❶拼縫布片，縫製成中央部分。接著在外圍縫上邊框布，縫製成前側表布。
❷將鋪棉、襠布與❶重疊，然後壓線縫。
❸將拉練縫在後側表布上。
❹將❷與❸正面相對後，縫合外圍。

完成尺寸　請參照圖示

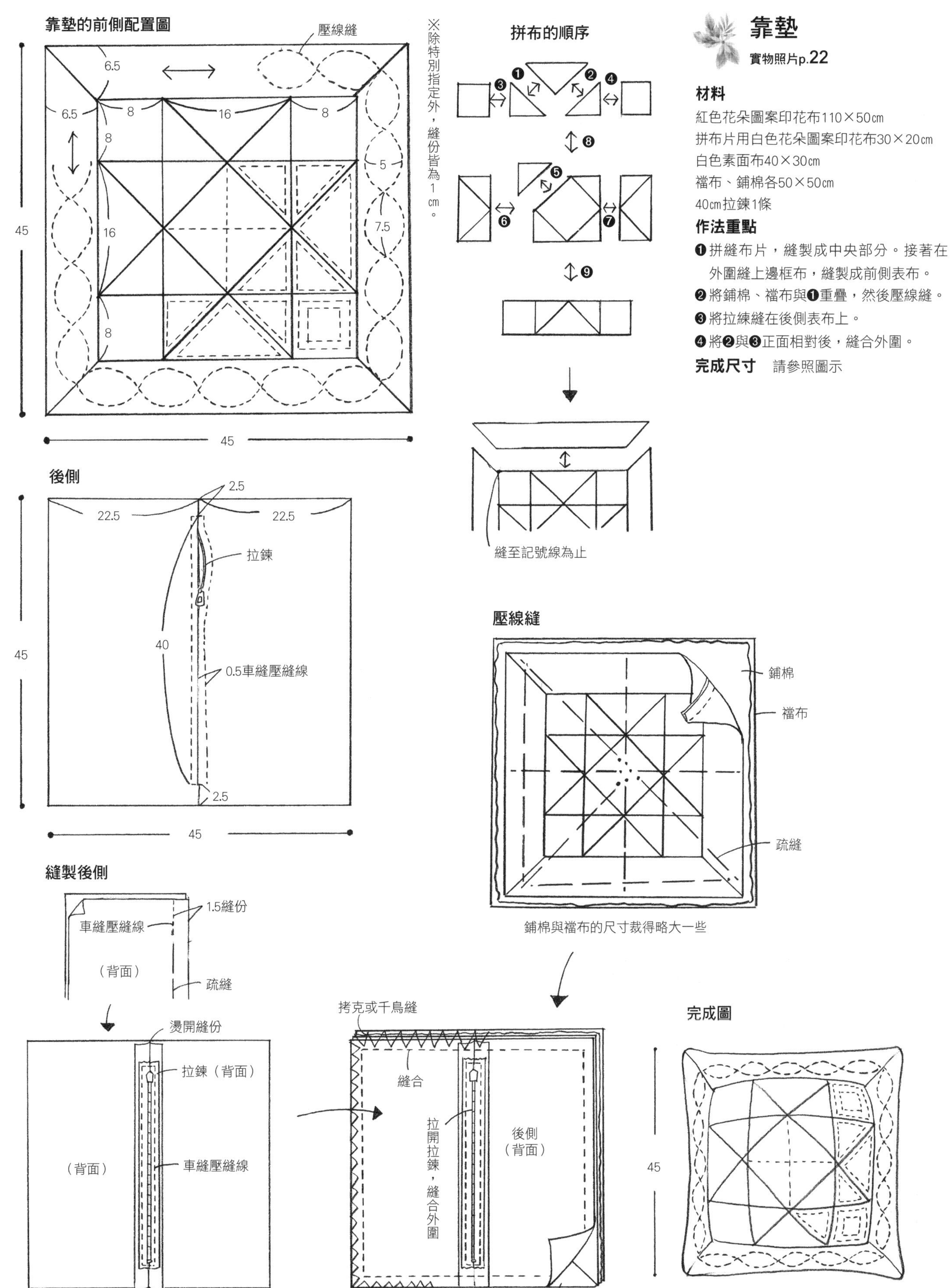

yoyo拼布窗簾

實物照片p.23

材料

白色素面布110×200㎝
紅色系、粉紅色系、綠色系、黃色系
印花布各適量

作法重點

❶參照圖解說明，先縫製yoyo拼布，然後再將之拼縫在一起。

完成尺寸　請參照圖示

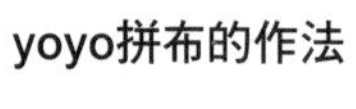

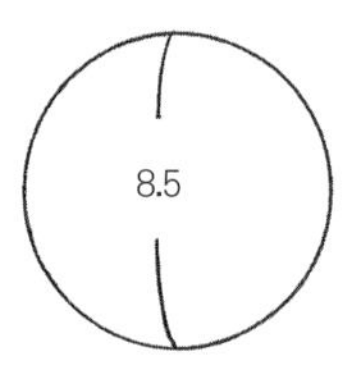

（不留縫份）

白色素面布…217片

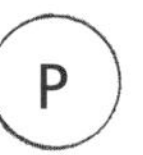

粉紅色系印花布…19片

紅色系印花布…23片

綠色系印花布…28片

黃色系印花布…28片

縫法

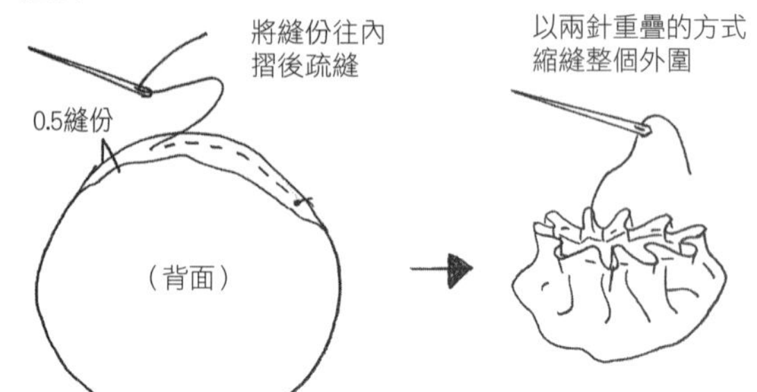

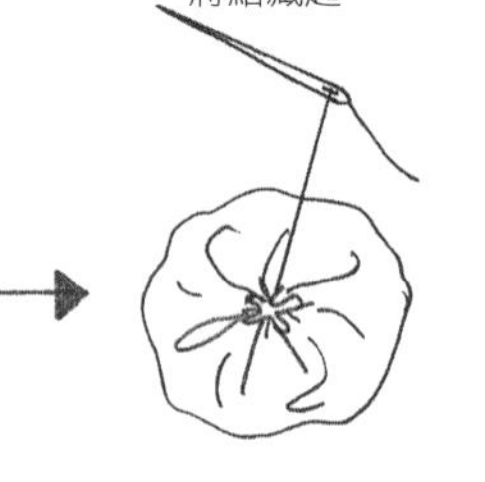

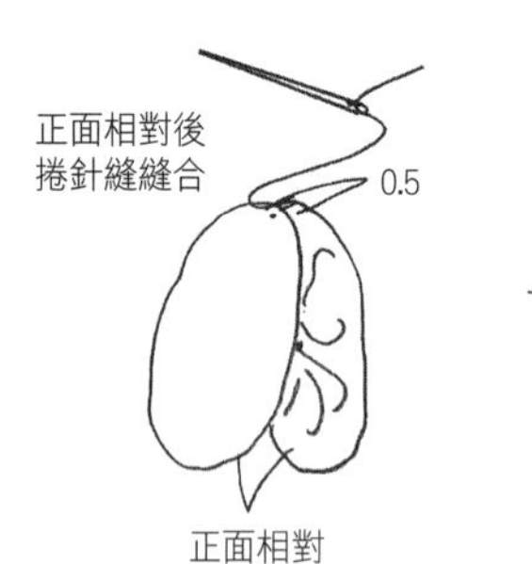

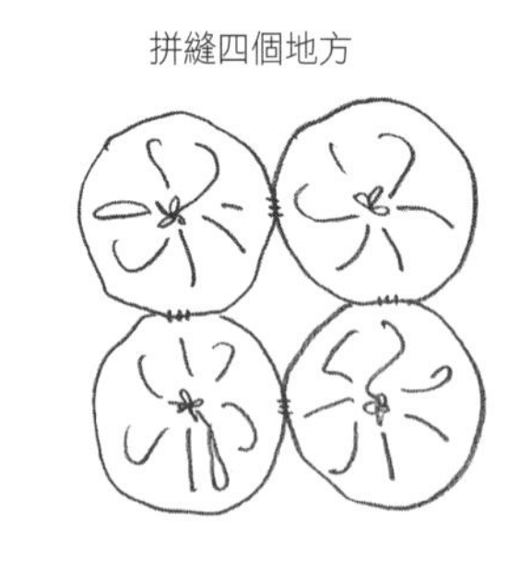

咖啡簾配置圖

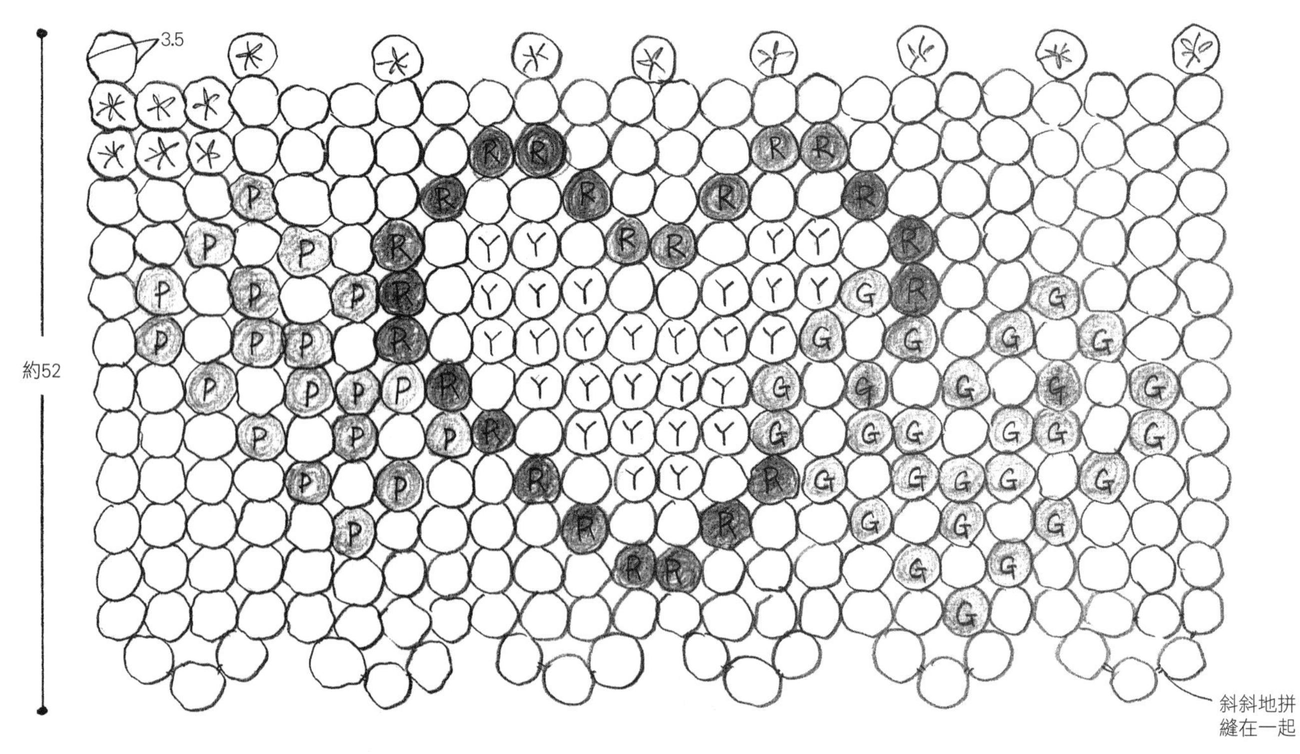

靠墊

實物照片p.19
紙型請見第1面〔A〕

材料

A-1：褐色絞染布110×55cm
貼布縫用的綠色絞染布45×45cm
鋪棉、襠布各55×55cm
40cm拉鍊1條
A-2：黃色素面布、玻璃紗各110×50cm
貼布縫用的粉紅色絞染布45×45cm
鋪棉、襠布各55×55cm
40cm拉鍊1條

作法重點

❶貼布縫布片，縫製成前側表布，然後將鋪棉、襠布與前側表布重疊後壓線縫。A-2則是在貼布縫布片的上面先放上玻璃紗，接著再縫上壓線縫。
❷縫法請參照p.69。

完成尺寸 請參照圖示

A-1靠墊套的前側

1cm間隔的波紋壓線縫
貼布縫
45
45
在貼布縫的邊緣，全部縫上落針縫

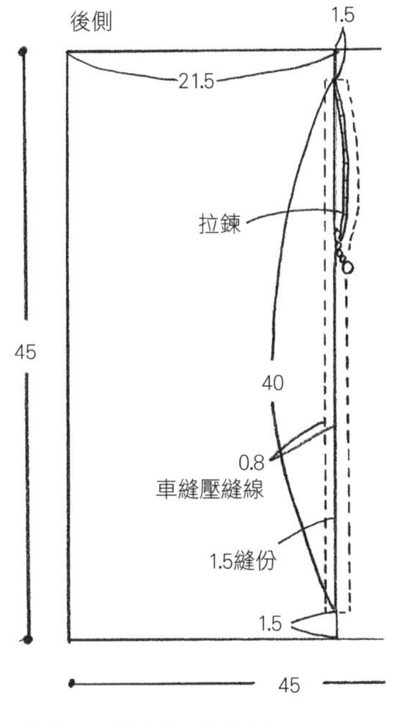

※除特別指定外，縫份皆為1cm。

※除特別指定外，縫份皆為1cm。

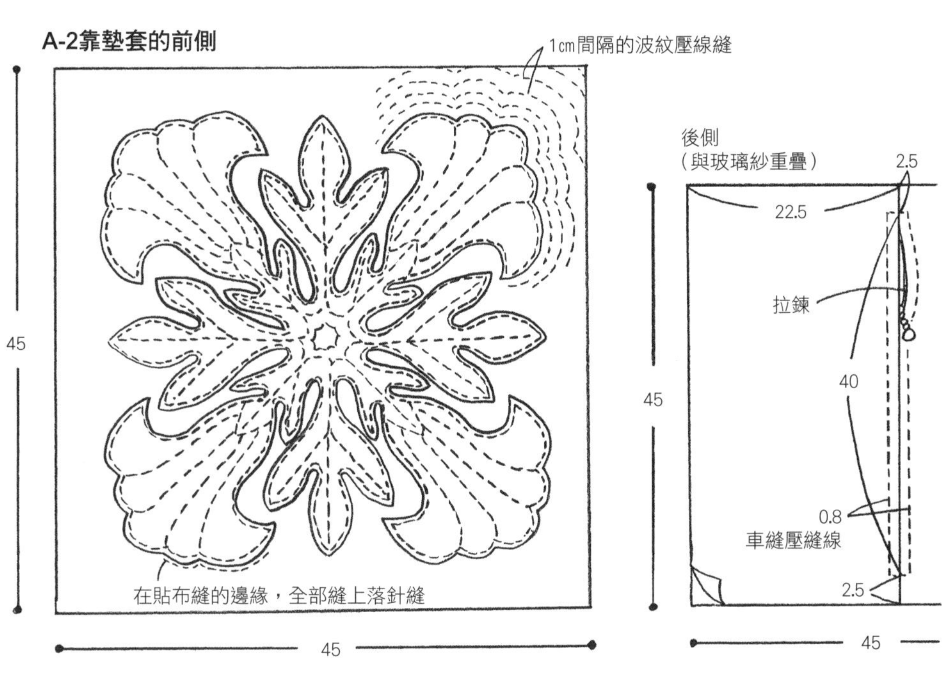

縫製前側

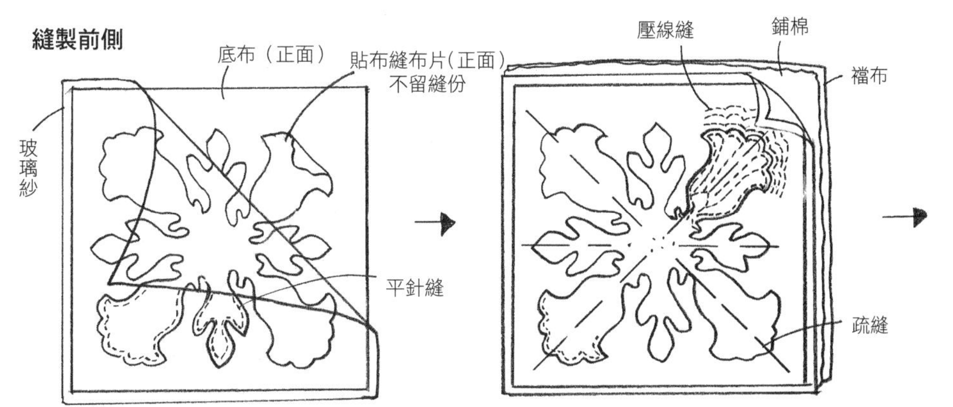

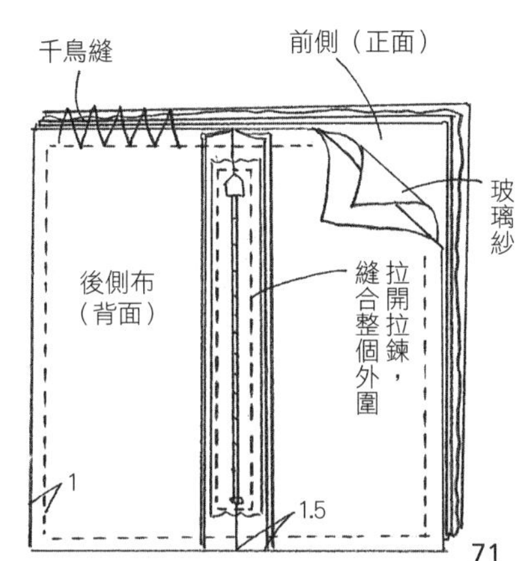

夏日洋裝

實物照片p.20

材料

紅色花朵圖樣印花布110×300㎝

作法重點

❶依個人喜好的摺份，製作摺份攤開後的紙型、並裁剪布料。
❷縫上口袋。
❸在前、後身片的領口打出皺褶，並縫上滾邊。
❹縫合脅邊。
❺在袖口縫上滾邊，接著將其餘的斜布條四摺之後再縫合。
❻將下襬三摺之後再縫合。

完成尺寸　請參照圖示

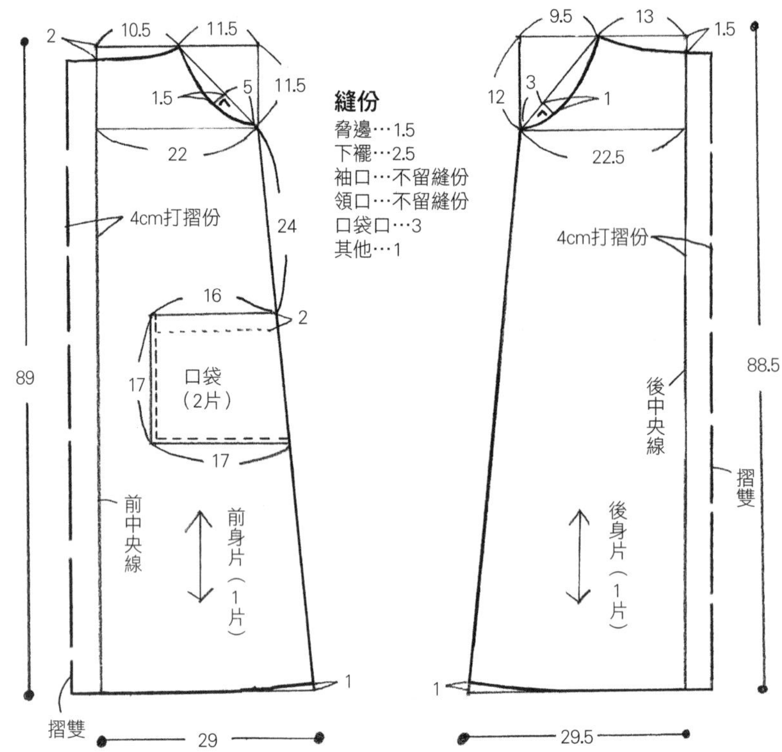

製作斜布條

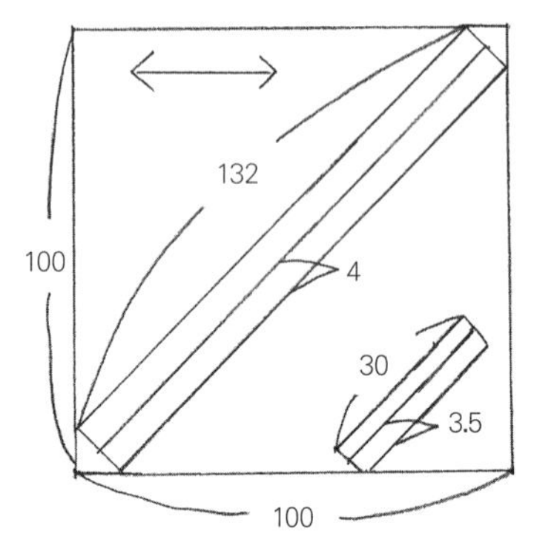

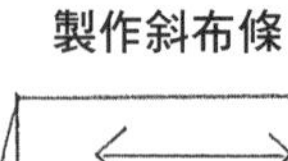

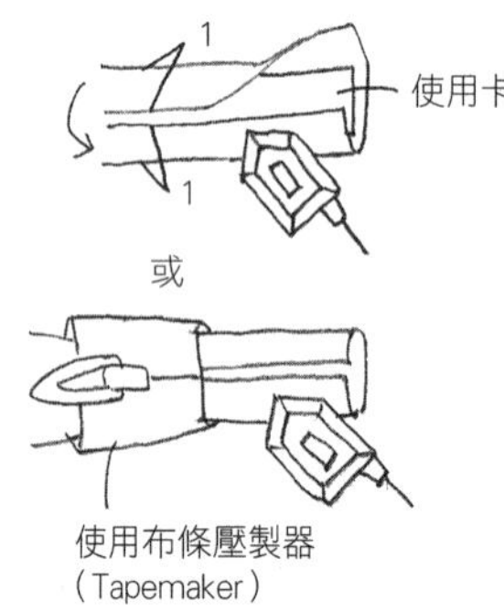

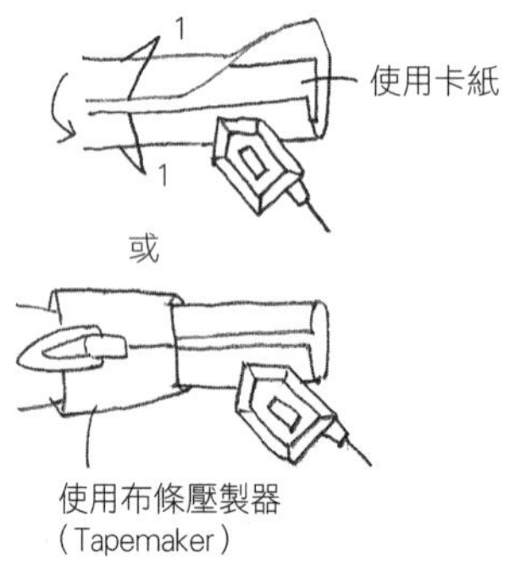

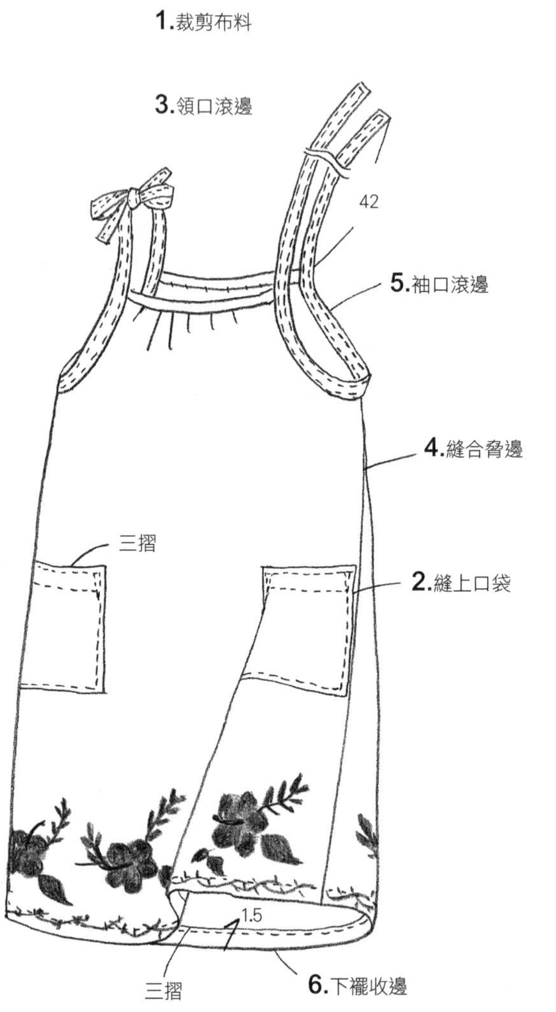

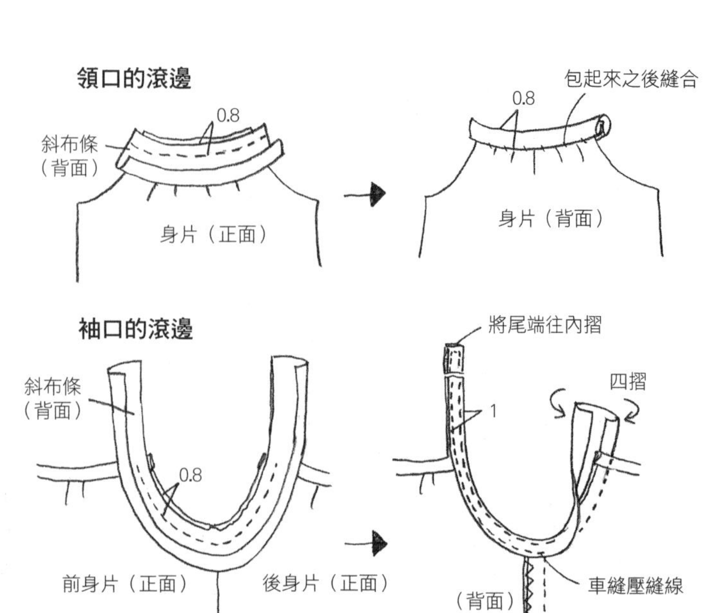

壁毯

實物照片p.21
紙型請見第1面〔B〕

材料

粉紅色絞染布50×50cm
粉紅色花邊圖案印花布70×110cm
貼縫布用的綠色絞染布45×45cm

作法重點

❶貼布縫布片，縫製成中央部分後，外圍再以花邊布拼縫邊框。
❷將❶與鋪棉、裡布重疊後壓線縫。
❸將❷外圍的多餘鋪棉與裡布的縫份剪掉。
❹將表布的縫份三摺之後，與裡布縫合。

完成尺寸　請參照圖示

壁毯配置圖

邊框布（花邊布）
壓線縫
45
11
貼布縫
在貼布縫的邊緣，全部縫上落針縫
45
67
1cm間隔的波紋壓線縫
67

〈外圍的收邊〉

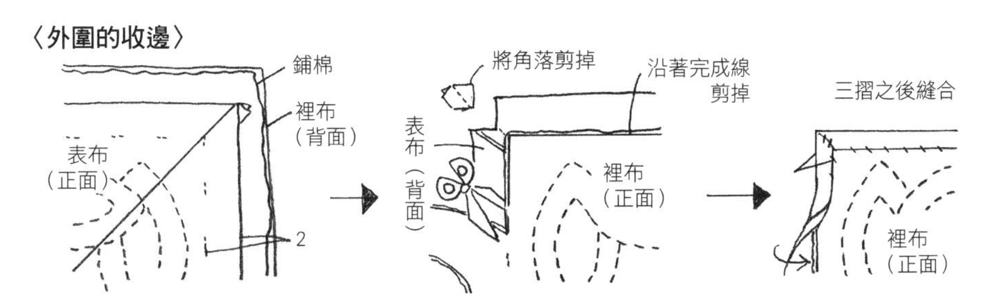

※除特別指定外，縫份皆為1cm。

〈貼布縫的方式〉

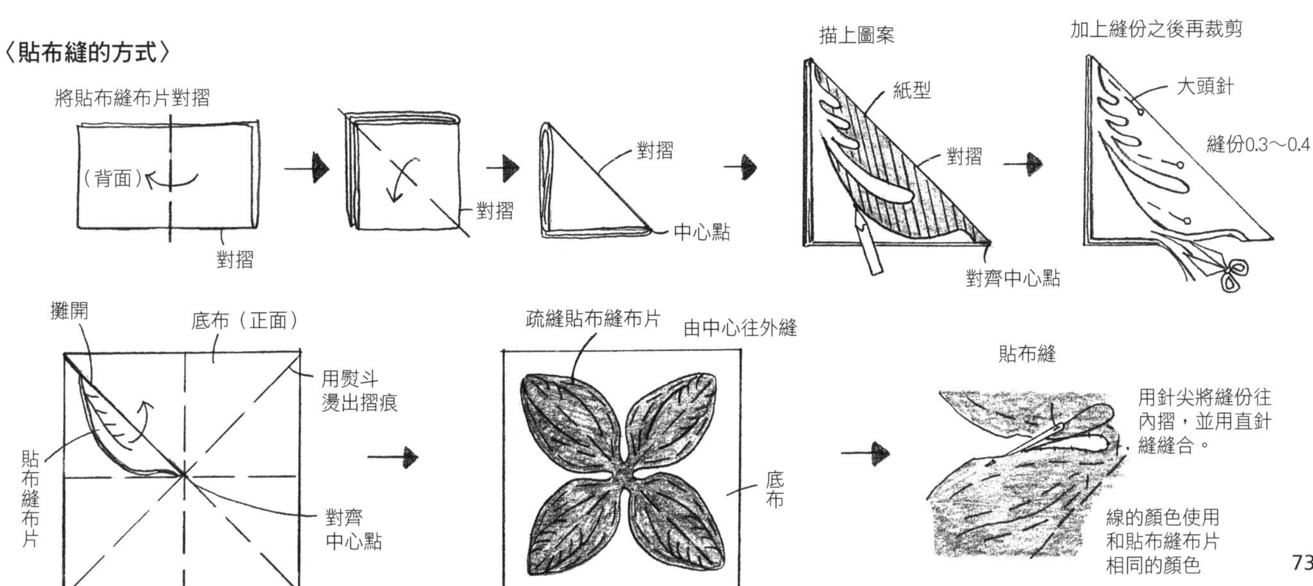

襯衫領洋裝

實物照片p.24 紙型請見第1面〔C〕

材料

白色皇冠花圖案印花布110×230㎝
紙襯100×40㎝
直徑1.3㎝的鈕扣8個

作法重點

❶將表領、前立及貼邊燙上紙襯。
❷縫上前立片。
❸縫合肩線。
❹縫上領子。
❺縫合脅邊。
❻將下襬三摺之後縫合。
❼縫上口袋。
❽縫合袖子下方。
❾將袖口三摺之後再縫合。
❿縫上袖子。
⓫開鈕扣孔、縫上鈕扣。

完成尺寸 請參照圖示

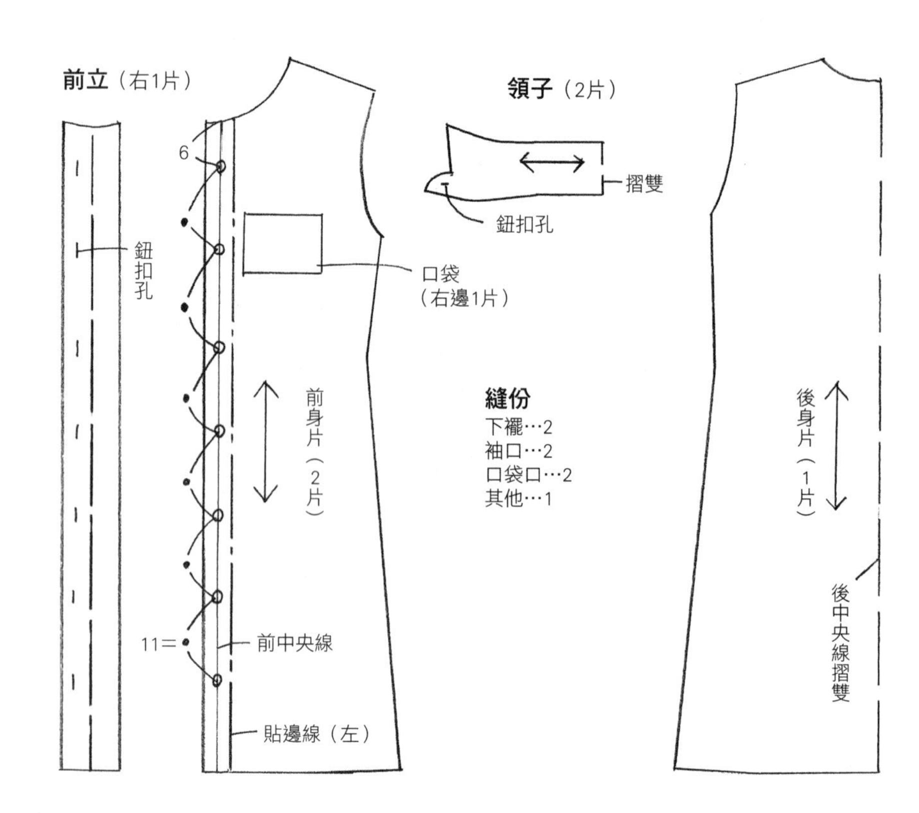

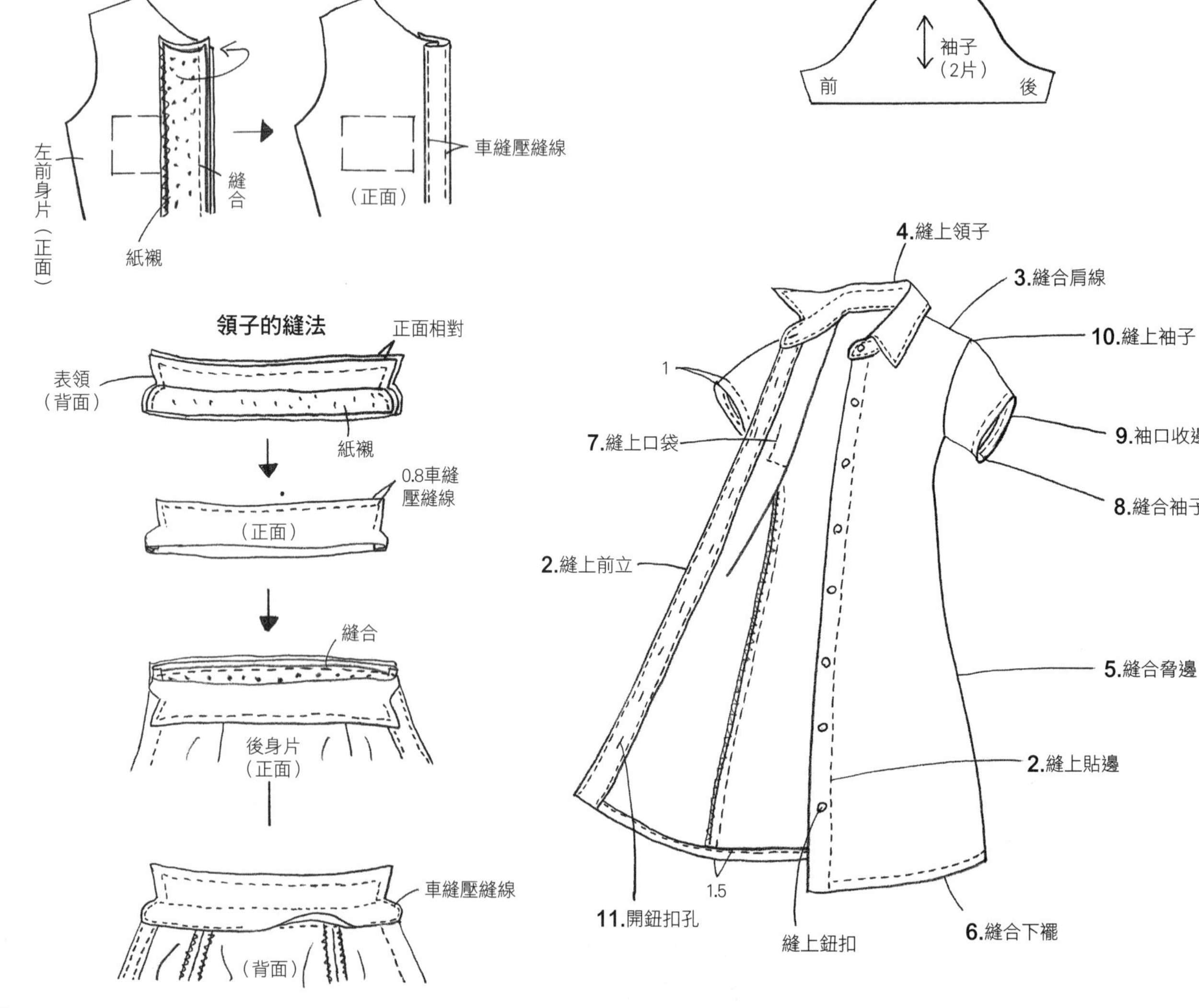

七分長睡褲

實物照片p.29

材料

米色花朵圖案印花布110×180㎝

1㎝寬的鬆緊帶150㎝

作法重點

❶睡褲前後片正面相對，縫合股下。

❷睡褲前後片正面相對，縫合脅邊。

❸睡褲左右正面相對，縫合前後股上。在腰部縫製鬆緊帶、腰帶的穿口。

❹腰部收邊。

❺將褲腳三摺之後縫合。

❻縫製腰帶，並且穿在褲子上。

完成尺寸　請參照圖示

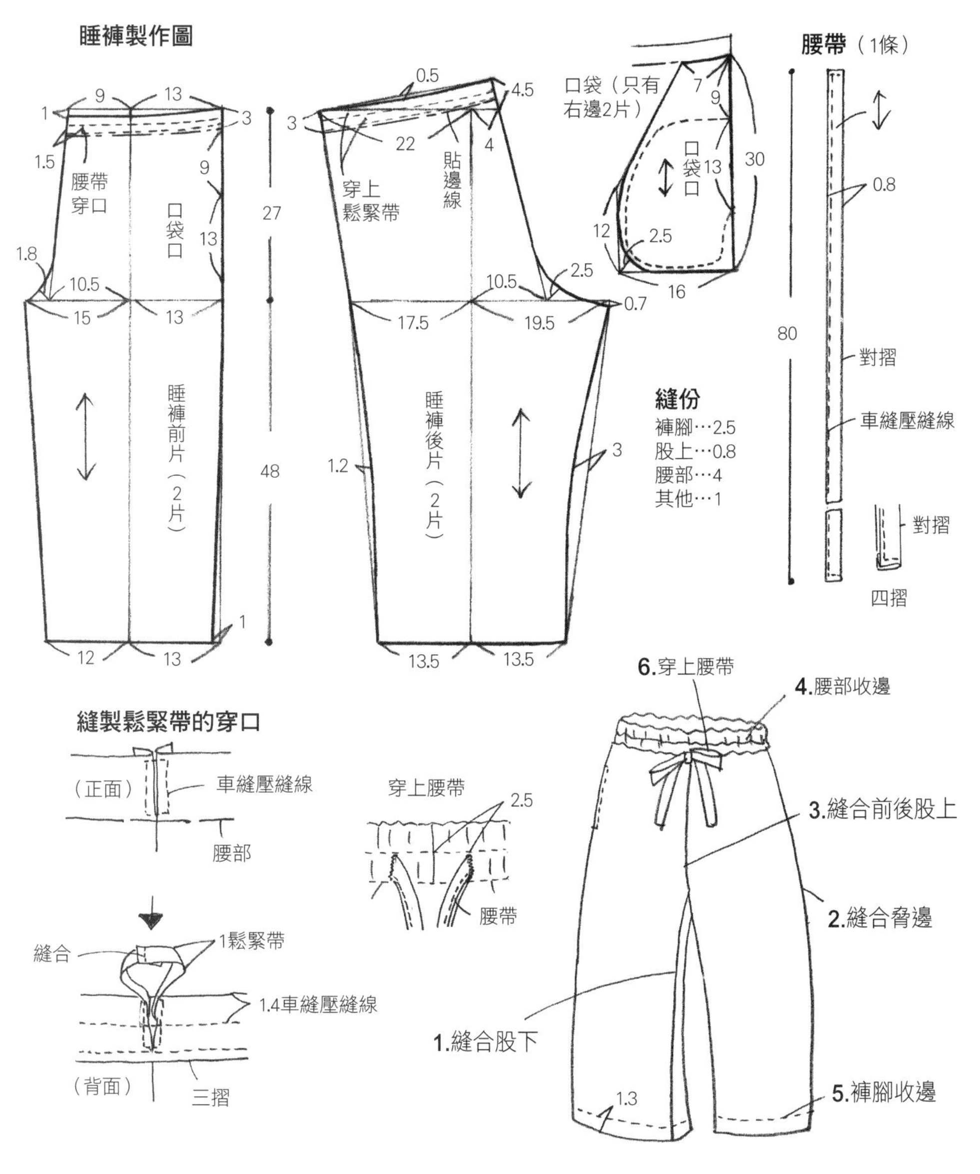

室內鞋

實物照片p.30

紙型請見第1面〔C〕

材料

淺駝色花朵圖案印花布110×50㎝

紅色素面布70×40㎝

不織布布襯25×25㎝

鋪棉35×25㎝

串珠、金蔥線各適量

作法重點

❶將鞋面與鞋後跟的表布，疊上鋪棉後壓線縫，接著縫上串珠。縫合鞋後跟的尖褶。

❷將裡布與❶重疊，依照圖解說明，縫上滾邊。

❸縫合鞋面與鞋後跟。

❹將鞋底與❸背面相對，然後在周圍縫上滾邊。

完成尺寸　25×11㎝

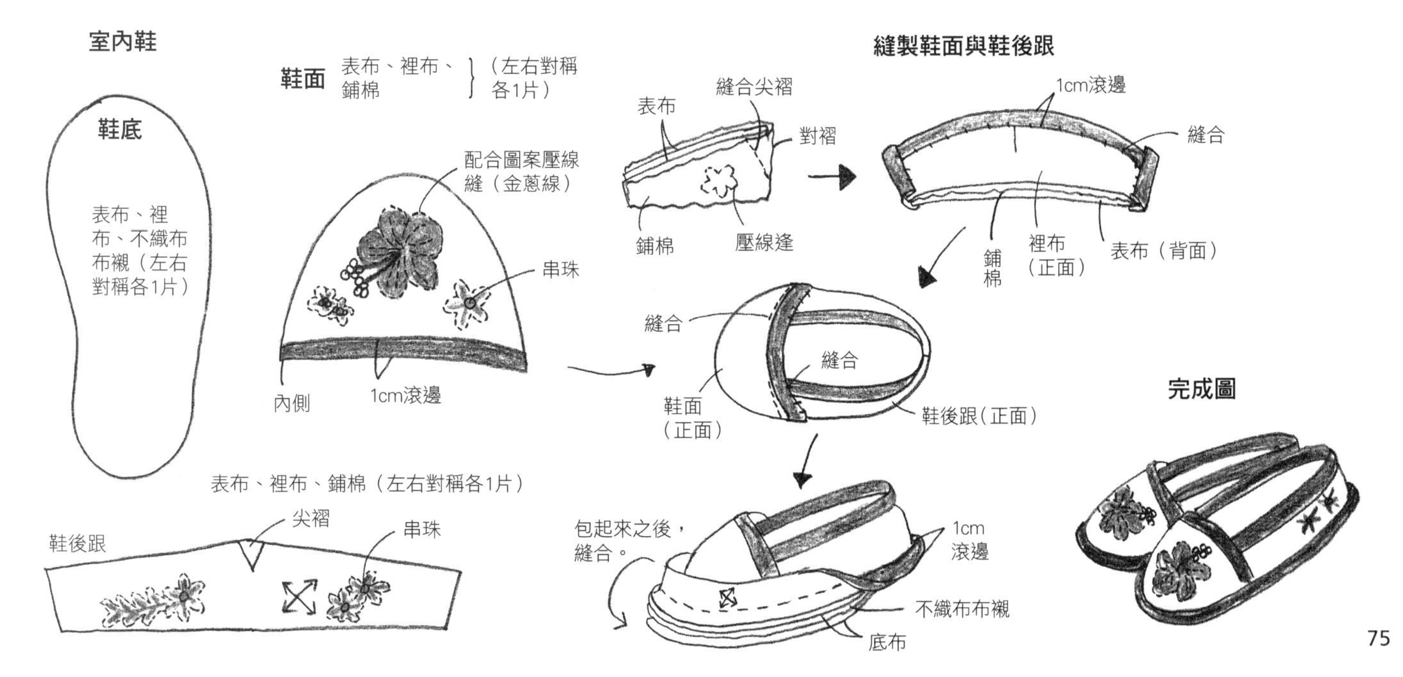

珠寶飾品袋

實物照片p.31

材料

粉紅色花朵圖案印花布65×65cm
內側布90×20cm（包含裡布）
鋪棉45×20cm
14cm拉鏈1條
按扣1組
串珠7個

作法重點

❶表布、鋪棉與裡布重疊，然後壓線縫，接著縫上串珠。
❷參照圖解說明，縫製內側布。
❸縫製繩帶。
❹❶與❷背面相對，將繩帶夾在中間，在外圍縫上滾邊。

完成尺寸　請參照圖示

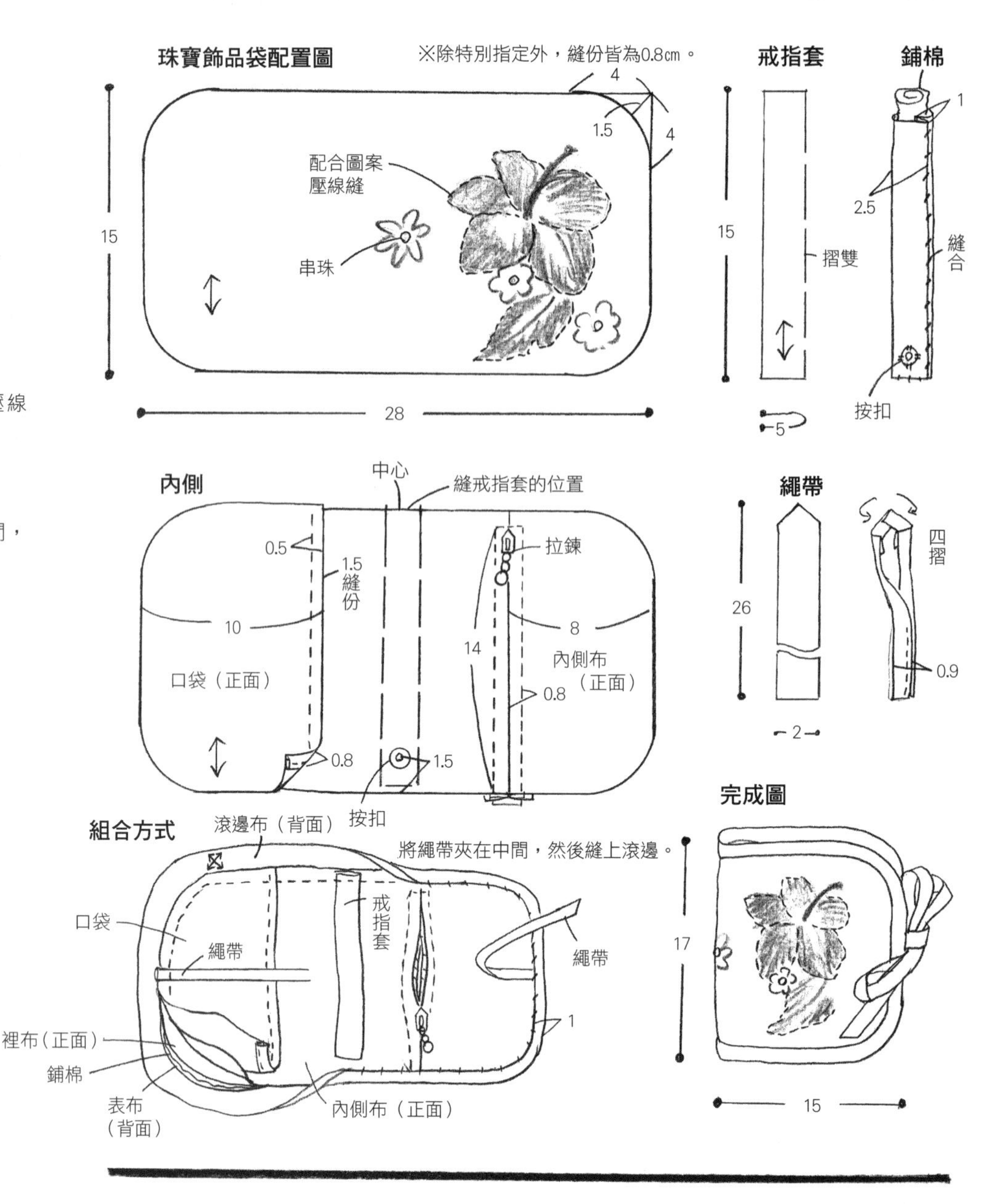

面紙盒套

實物照片p.31
紙型請見第2面〔H〕

材料

綠色絞染布70×30cm
粉紅色、水藍色絞染布各20×15cm
裡布、鋪棉各40×30cm
串珠適量

作法重點

❶將布片貼布縫在底布上，縫製成本體表布。
❷將鋪棉、裡布與❶重疊，然後壓線縫。
❸在中央部位縫上貼邊布，完成面紙抽取口。
❹對齊相同的騎縫印，縫合側面脅邊。
❺在外圍縫上滾邊。

完成尺寸　請參照圖示

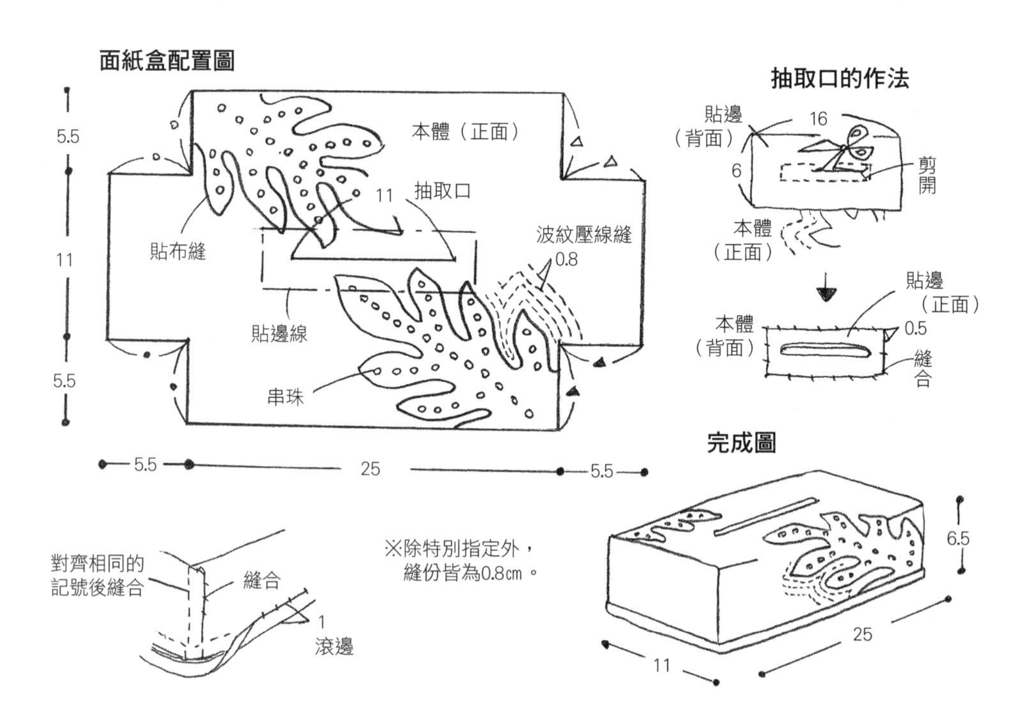

滾邊的作法

製作斜紋布條

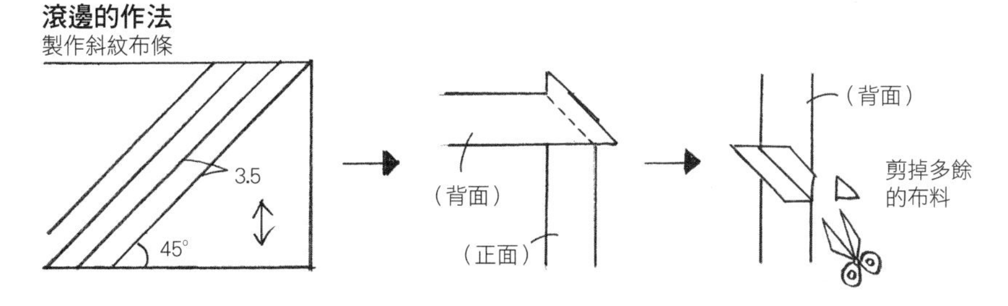

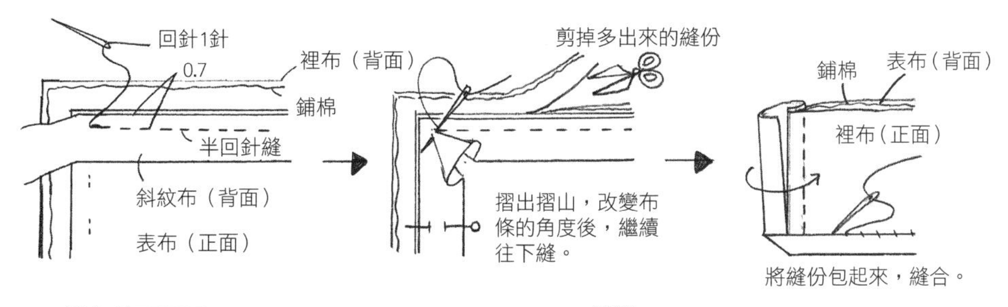

夏威夷拼布毯

實物照片p.32

紙型請見第2面〔I〕

材料

淺綠色素面布230×230㎝

貼布縫用的紫色素面布230×750㎝

裡布230×230㎝

鋪棉250×250㎝

作法重點

❶將布片貼布縫在底布上，縫製成表布（參照p73）。

❷將鋪棉、裡布與1重疊後壓線縫。

❸在❷的外圍縫上滾邊。

完成尺寸　請參照圖示

拼布毯配置圖

包包&飾品袋

實物照片p.24

材料（飾品袋）
淺駝色花朵圖案印花布55×35㎝
淺駝色、褐色紋染布各適量
內側布用的白色花朵圖案印花布70×70㎝
鋪棉35×35㎝
18㎝拉鍊1條
按扣1組
串珠數種、8號及25號繡線各適量

作法重點
❶拼縫與貼布縫布片，繡上刺繡，即完成表布。
❷將鋪棉、裡布與❶重疊後壓線縫，再縫上串珠。
❸參照圖解說明，縫製內側布。
❹❷與❸背面相對，在外圍縫上滾邊。

完成尺寸　請參照圖示

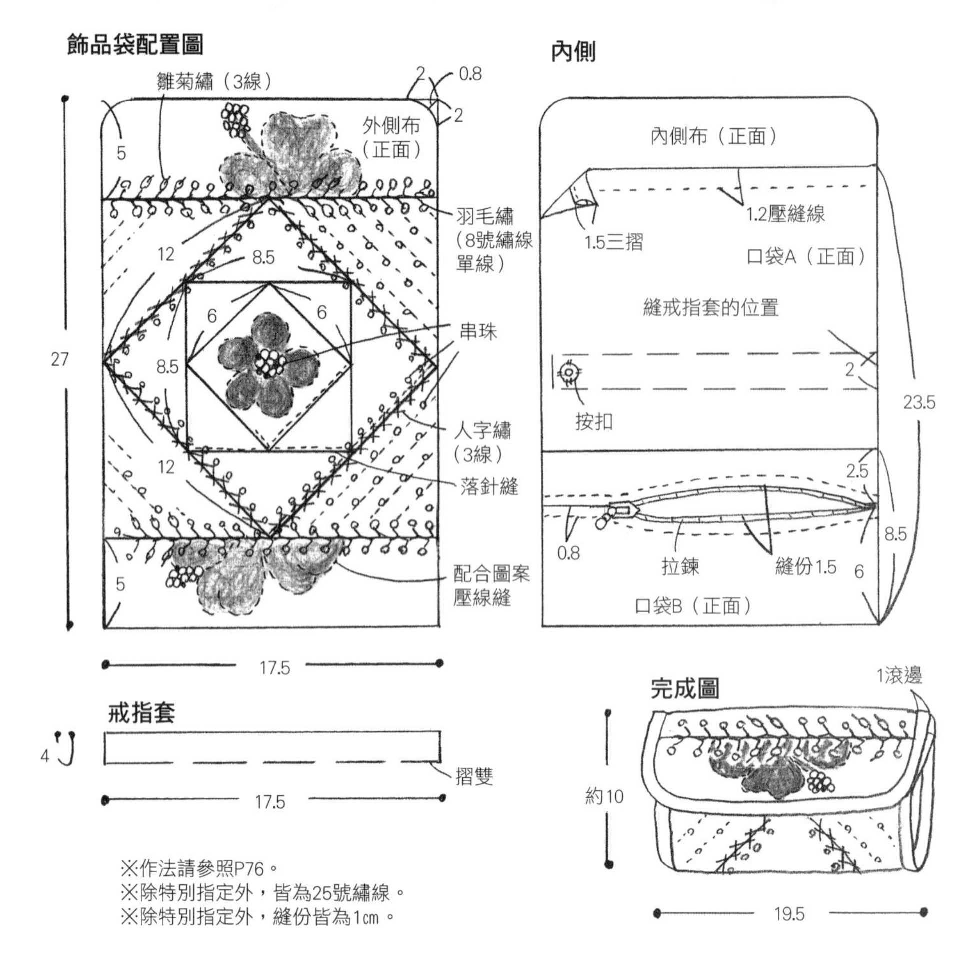

材料（包包）
淺駝色花朵圖案印花布80×25㎝
淺駝色、褐色紋染布各適量
內袋用的花朵圖案印花布70×25㎝
鋪棉、襠布各70×30㎝
紙襯25×10㎝
46㎝皮革提把1條
直徑1.5㎝磁扣1組
串珠數種、5號及25號繡線各適量

作法重點
❶拼縫與貼布縫布片，繡上刺繡，即完成表布。
❷將鋪棉、襠布與❶重疊後壓線縫，再縫合脅邊。
❸將袋底的表布、鋪棉與襠布重疊後壓線縫。
❹將❷與❸正面相對後縫合。
❺縫製內袋。
❻內袋套入本體裡，將提把夾在中間後，在袋口縫上貼邊。將貼邊往內摺，然後縫合。

完成尺寸　請參照圖示

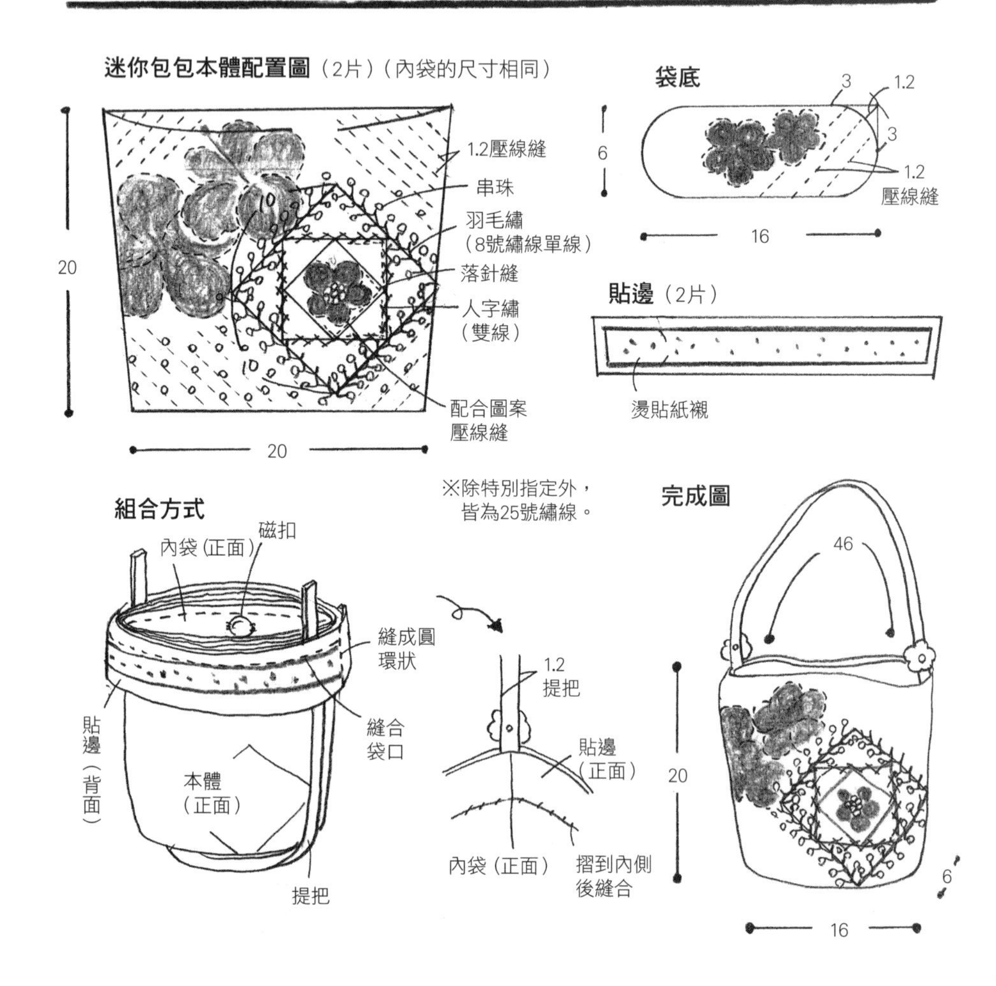

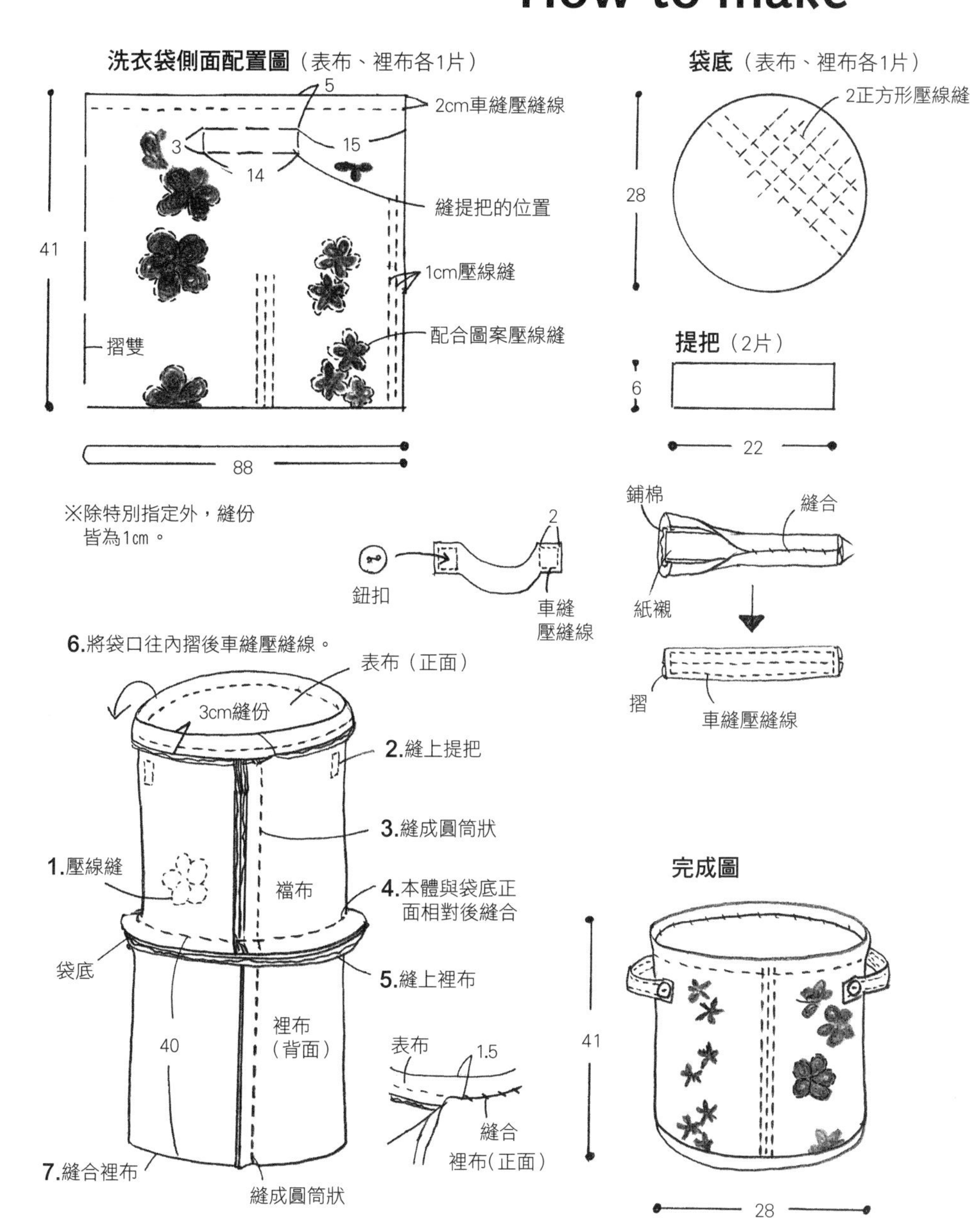

洗衣袋

實物照片p.35

材料

白底花朵圖案印花布110×50cm
袋底和提把用的綠色絞染布50×30cm
裡布用黃色絞染布90×80cm
鋪棉、襠布各90×90cm
鈕扣4個
紙襯22×6cm

作法重點

❶鋪棉、襠布和表布重疊後壓線縫。
❷將提把縫在❶的上面。
❸將❷縫成圓筒狀。
❹將鋪棉、襠布和底表布重疊後壓線縫，再重疊底裡布，與❸背面相對後縫合。
❺將側面裡布縫成圓筒狀後，與❹的袋底縫合。
❻將表布的袋口縫份往內摺後壓縫線。
❼將側面裡布包在表布的背面，縫合在袋口上。

完成尺寸　請參照圖示

浴室踏墊

實物照片p.35
紙型請見第2面〔J〕

材料

白色毛巾布120×90cm
絞染布適量
黃色花朵圖案印花布50×50cm

作法重點

❶重疊4片毛巾布後壓線縫。
❷在❶的上面貼布縫布片。
❸在❷的外圍縫上滾邊。

完成尺寸　請參照圖示

阿囉哈襯衫（媽媽款）

實物照片p.38
紙型請見第2面〔K〕

材料
米色花朵圖案印花布110×200㎝
直徑1.2㎝鈕扣5個
紙襯65×50㎝

作法重點
❶在表領、貼邊部位，燙貼紙襯。
❷縫合尖褶。
❸縫合肩襠。
❹縫上領子。
❺縫合脅邊。
❻縫合袖下。
❼將袖口三摺之後再縫合。
❽將袖子縫在身片上。
❾將下襬三摺之後再縫合。
❿開鈕扣孔、縫上鈕扣。

※爸爸款、孩子款的縫法與步驟均相同。

完成尺寸　衣長56㎝

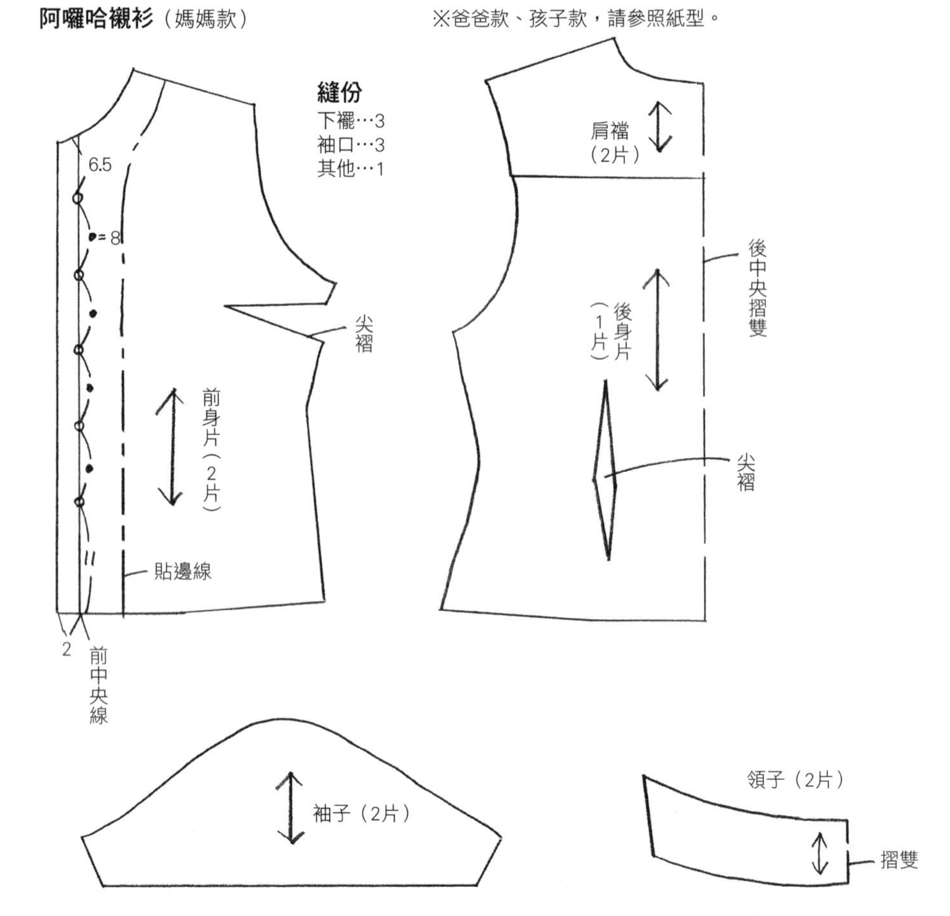

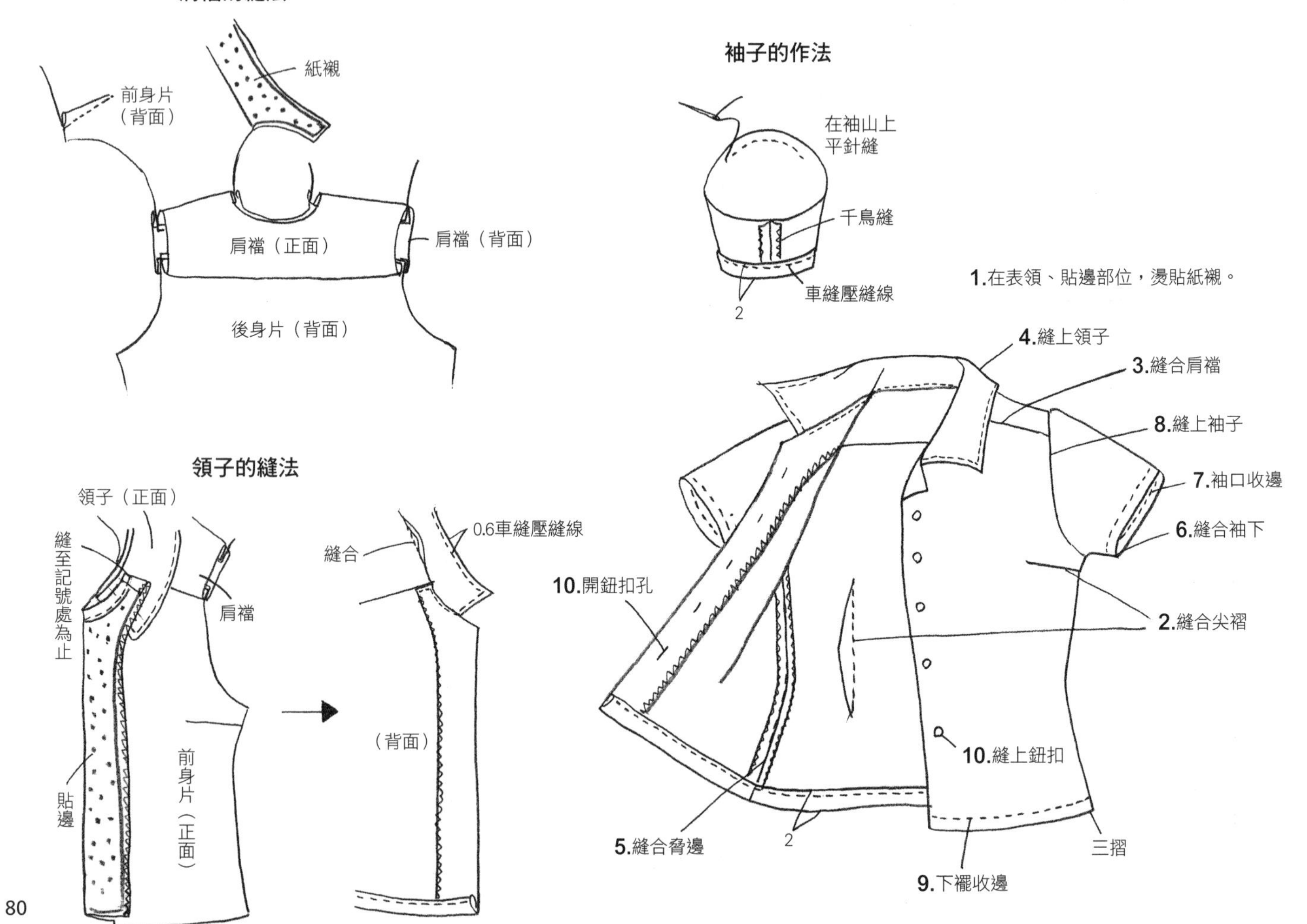

How to make

海灘裙製作圖

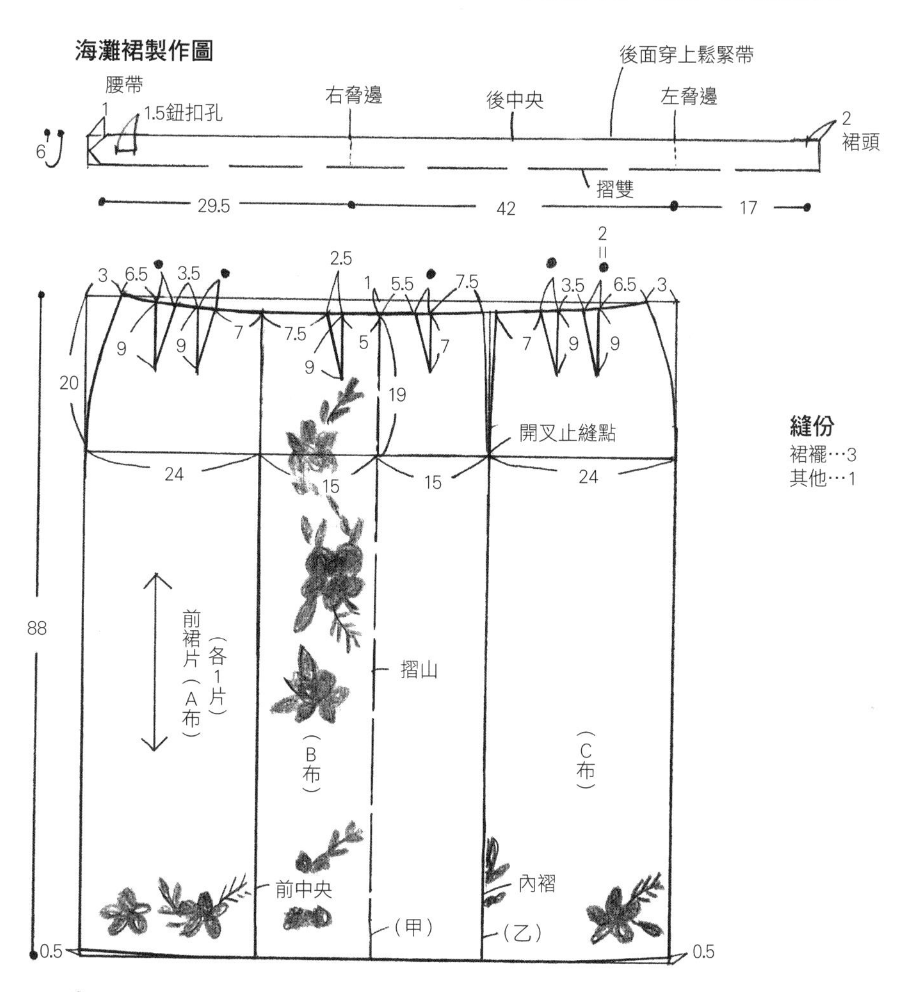

縫份
裙襬…3
其他…1

海灘裙

實物照片p.46

材料

淺駝色花朵圖案印花布110×200㎝
直徑1.5㎝鈕扣1個
按扣1組
寬3㎝鬆緊帶50㎝
寬3㎝腰襯55㎝

作法重點

❶參照圖解說明，依圖樣裁剪布料。縫合尖褶。
❷縫合前裙片A布與B布。
❸縫合開叉。
❹縫合脅邊。
❺將裙襬三摺後壓縫線。
❻B布摺出摺山後縫合。
❼縫上內褶。
❽縫上腰帶。開鈕扣孔、縫上鈕扣。

完成尺寸　請參照圖示

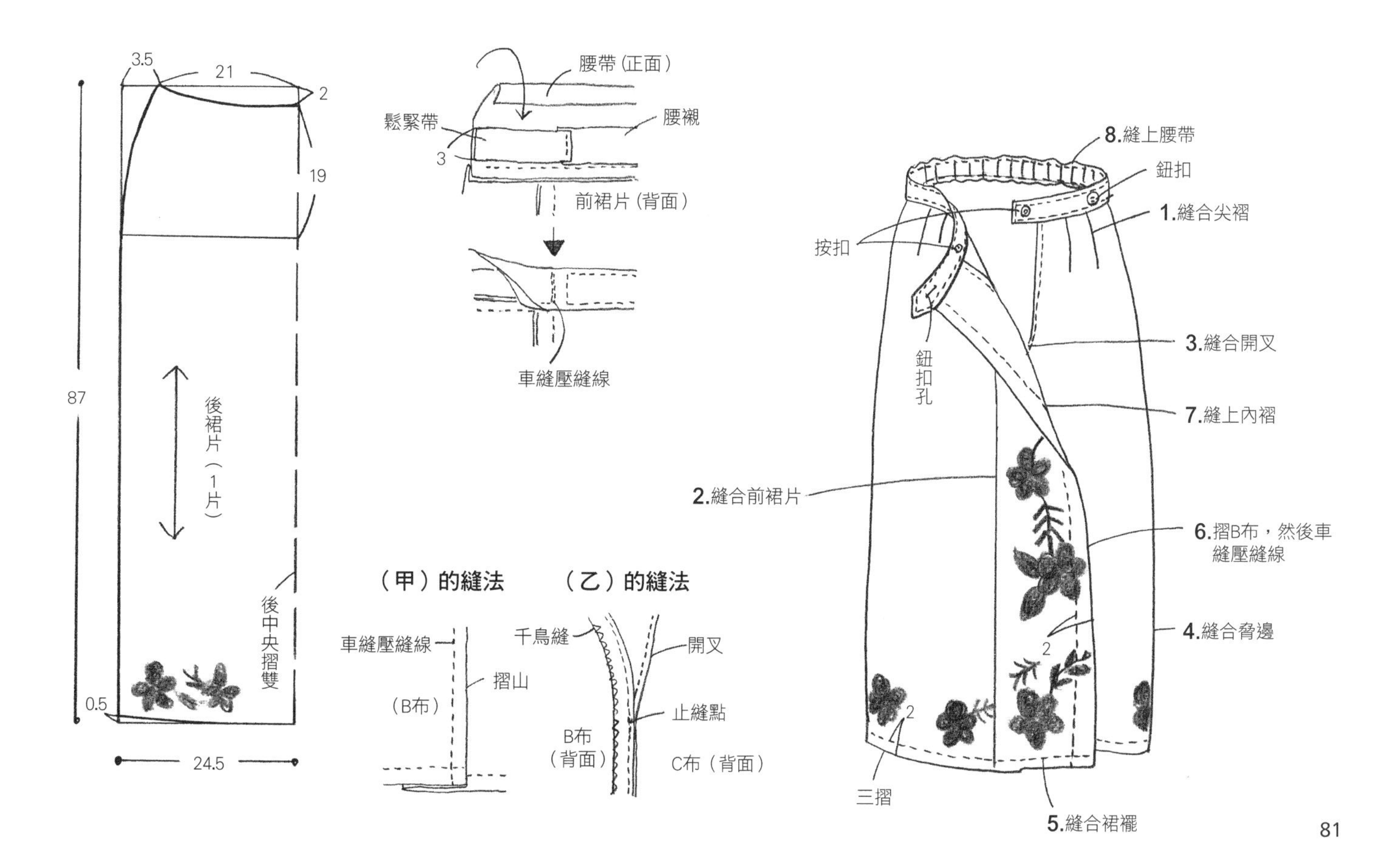

休閒洋裝

實物照片p.42
紙型請見第1面〔E〕

材料

褐色花朵圖案印花布110×300㎝
直徑1.3㎝鈕扣11個
紙襯90×20㎝

作法重點

❶將紙襯燙貼在貼邊上，縫合肩線。
❷用斜紋布條在領口滾邊。
❸縫合身片的脅邊。
❹縫合袖下。
❺將袖口三摺之後再縫合。
❻縫上袖子。
❼保留口袋的部分，縫合裙子的其他脅邊。
❽縫上口袋。
❾縫製腰帶。
❿夾住腰帶後，縫合腰線。
⓫將下襬三摺後壓縫線。
⓬在貼邊上壓縫線。
⓭開鈕扣孔、縫上鈕扣。
※兒童洋裝的縫法、順序均相同。

完成尺寸　衣長110.5㎝

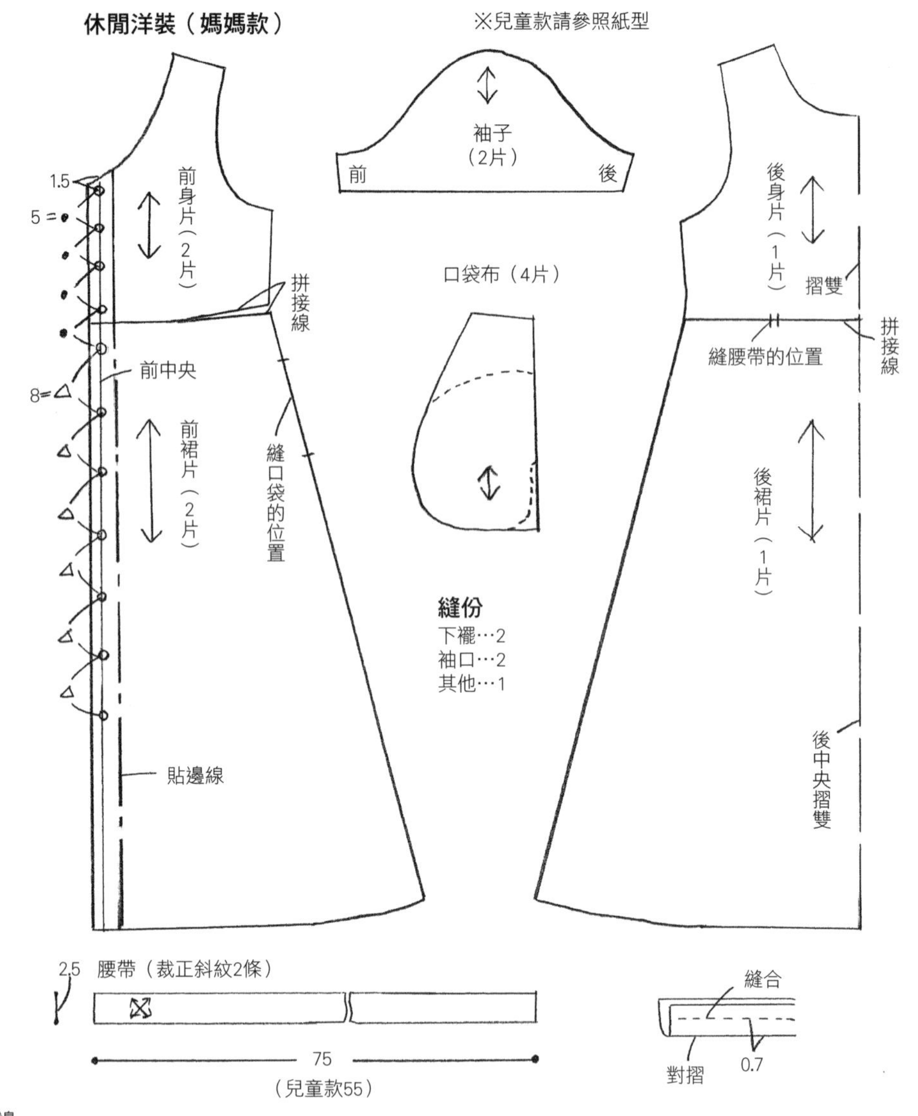

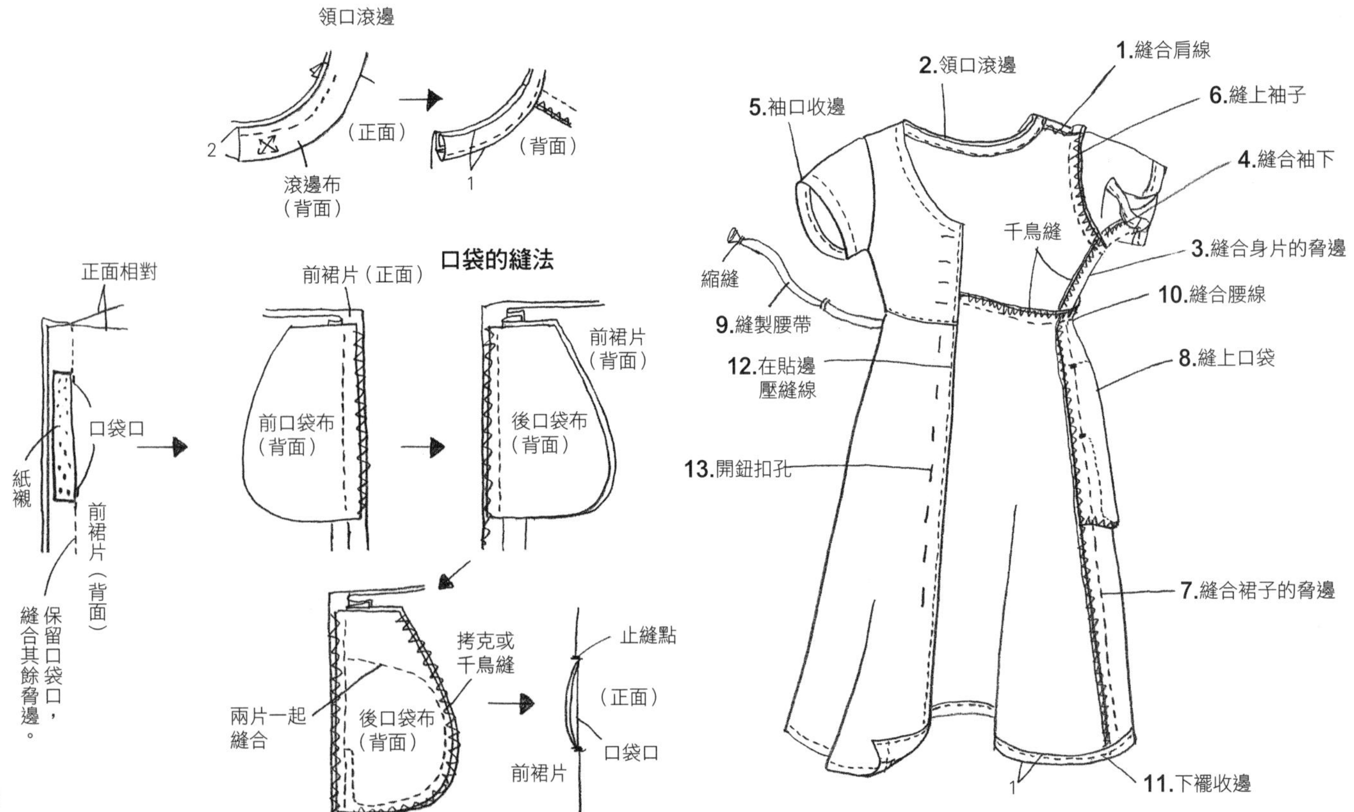

橘色迷你手提包

實物照片p.51
紙型請見第2面〔L〕

材料

白色花朵圖案印花布25×40㎝
綠色、橘色印花布各30×15㎝
裡布、鋪棉、襠布各25×45㎝
直徑1.5㎝磁扣1組（附D扣環2個）
附鉤扣皮革提把30㎝1組
紙襯18×6㎝
串珠、金蔥線各適量

作法重點

❶在底布上貼布縫布片，完成2片表布。
❷將鋪棉、襠布與❶重疊後壓線縫。
❸將❷正面相對後縫合，處理縫份，翻至正面。
❹將布環穿過D扣環，然後假縫布環，暫時固定在袋口。
❺縫製內袋，將內袋放入❸裡面。
❻將貼邊縫在本體的袋口。
❼縫上提把。

完成尺寸　請參照圖示

迷你手提包配置圖（2片）

※除特別指定外，縫份皆為1㎝。

0.8㎝間隔的波紋壓線縫（金蔥線）
串珠
貼布縫
落針縫
12
17

內袋（與本體相同尺寸、2片）

1
3
貼邊（2片）
磁扣

布環
（不留縫份2片）

5
4
四摺
1
對摺
縫合
布環

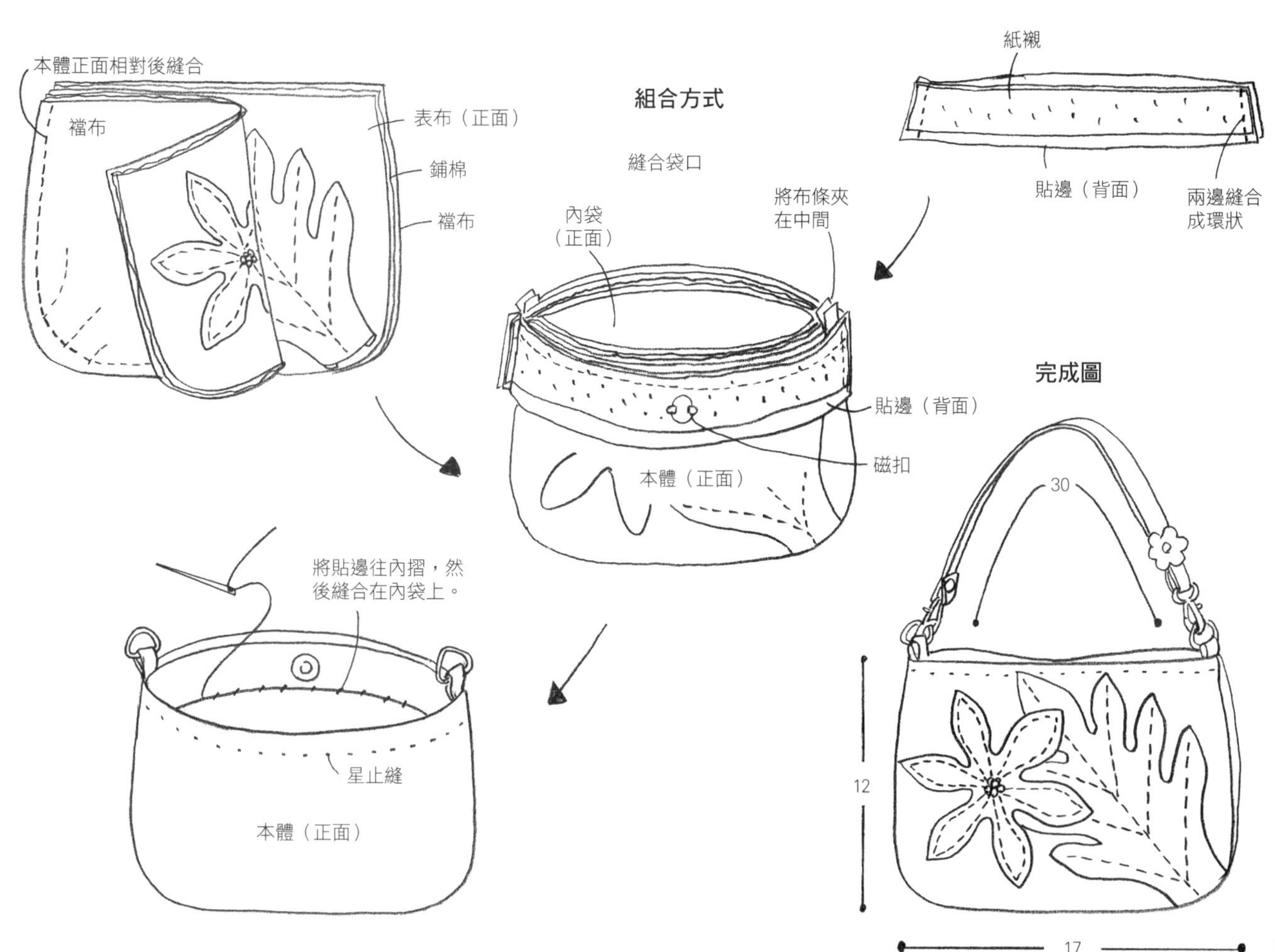

包包與手機袋（紅色）

實物照片p.43

材料

米色花朵圖案印花布90×70㎝
裡布用橘色絞染布55×70㎝
鋪棉、襠布各60×70㎝
紙襯45×15㎝
長50㎝皮革提把1組
金屬鉤扣1個

作法重點

（包包）

❶將鋪棉、襠布與表布重疊後壓線縫。
❷將❶正面相對後，縫合脅邊、縫出脅邊厚度，接著再翻至正面。
❸依照外袋相同方式，縫製內袋後放入❷之中重疊。
❹以正面相對的方式，將貼邊對齊袋口，然後將之縫合，接著將貼邊往內摺後，將貼邊縫合在內袋上。
❺在袋口壓縫線。

（手機袋）

❶將鋪棉、襠布與表布重疊後壓線縫。
❷將❶正面相對後，縫合脅邊、縫出脅邊厚度，接著再翻至正面。
❸縫製內袋、布環A與B。
❹將內袋放入❷之中重疊，並將布環夾在中間後，在袋口縫上滾邊。

完成尺寸　請參照圖示

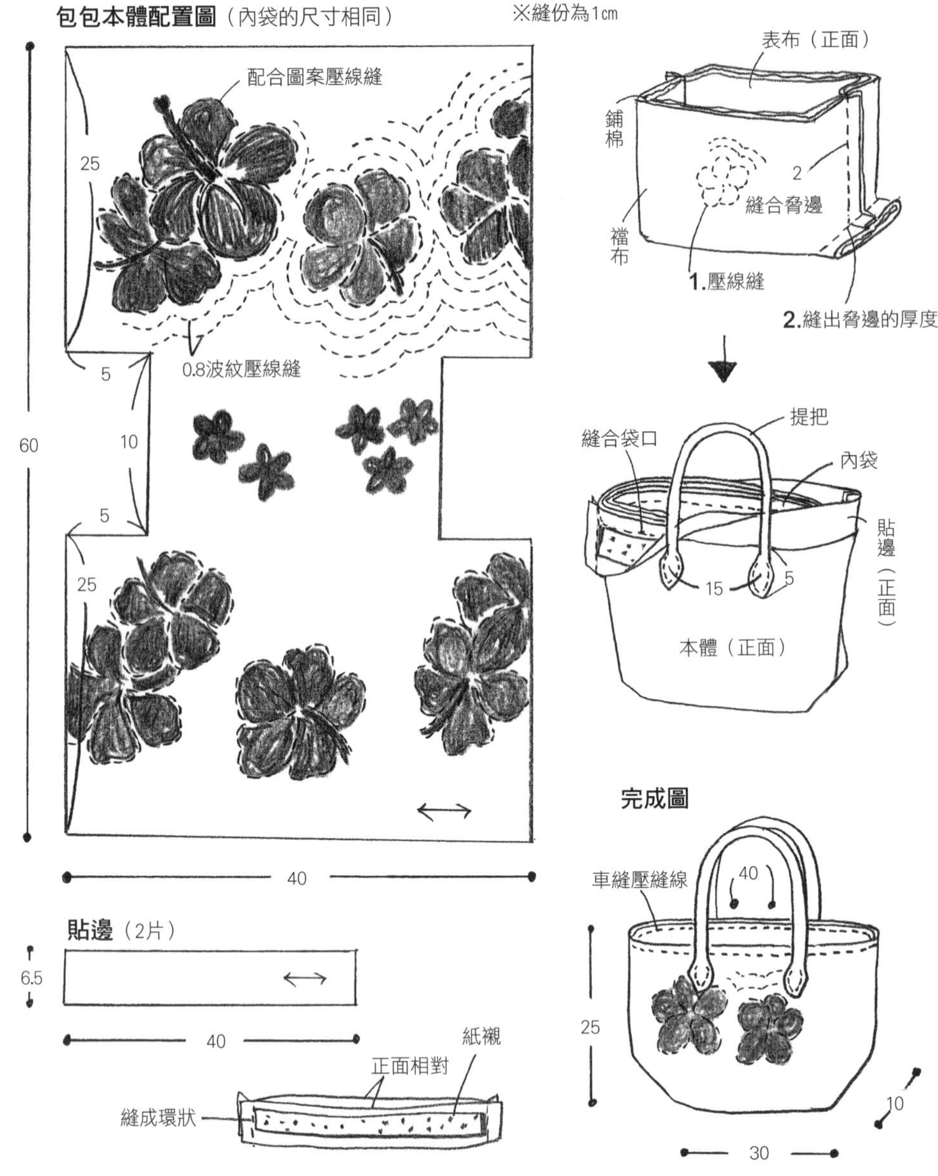

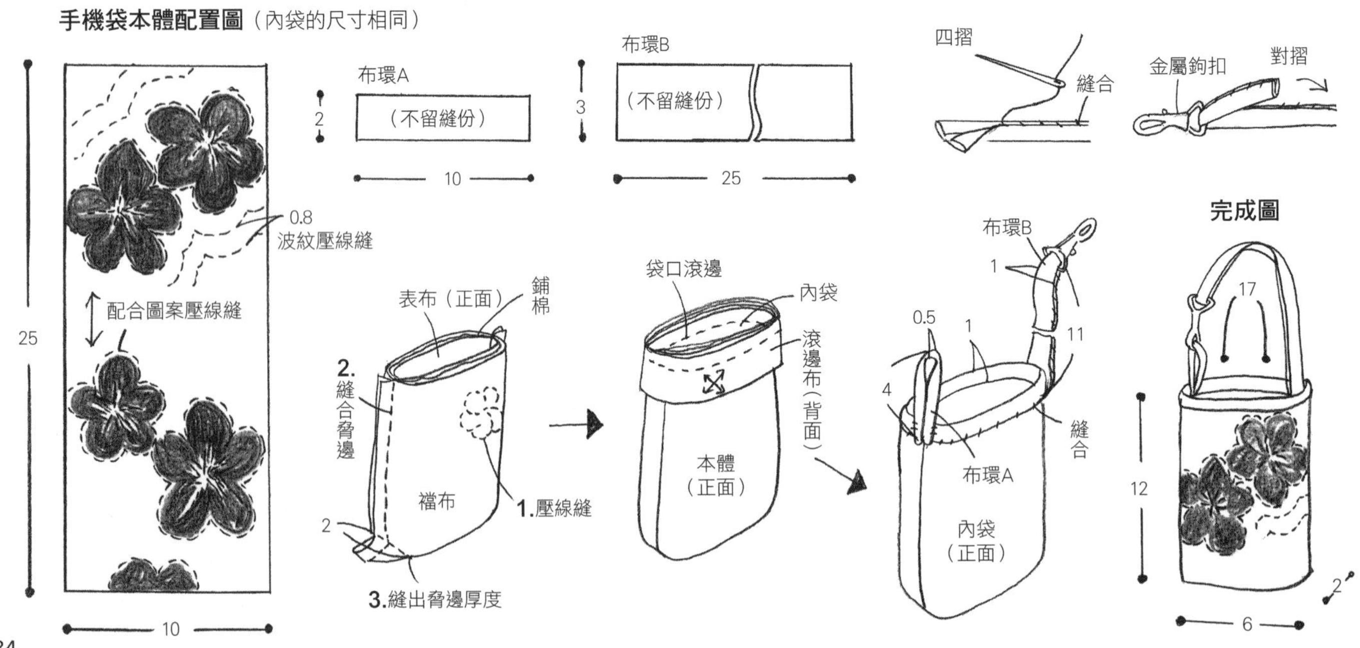

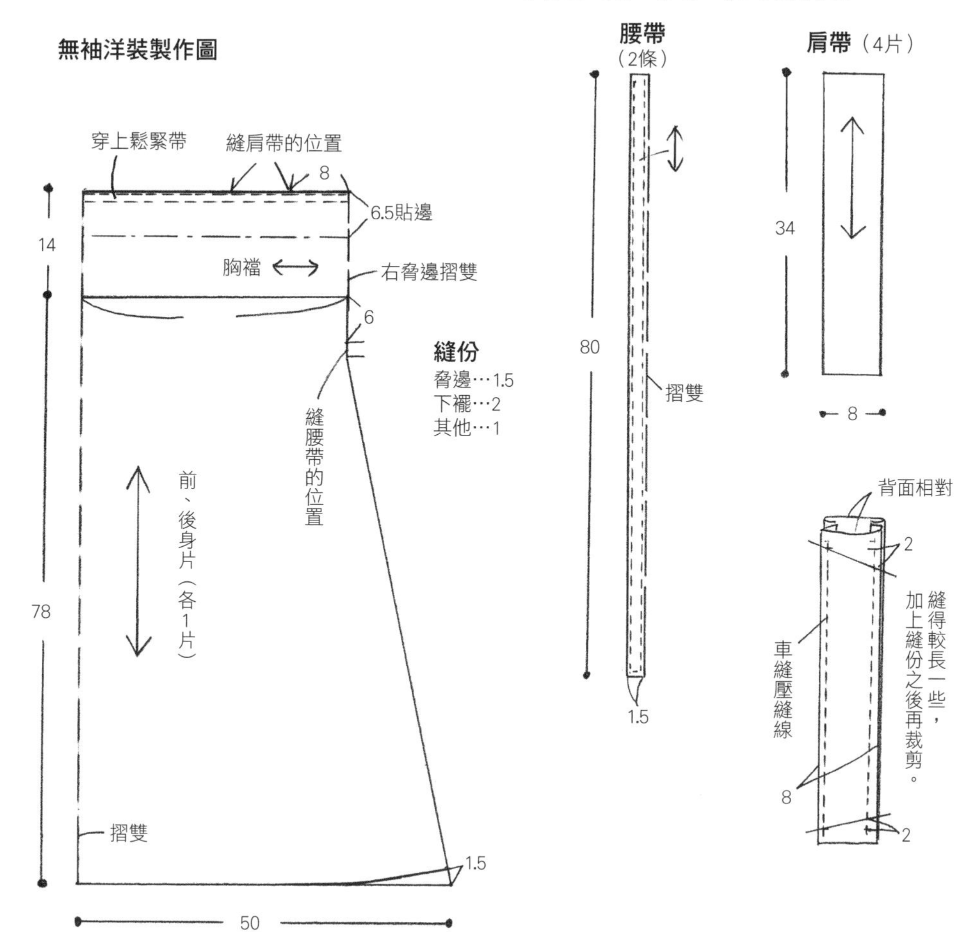

無袖洋裝

實物照片p.48

材料

粉紅色花朵圖案印花布110×300㎝

寬0.5㎝鬆緊帶80㎝

作法重點

❶縫製腰帶。

❷前、後身片正面相對，並將腰帶夾在中間，縫合脅邊。

❸將胸襠與貼邊分別縫合成環狀。

❹縫製肩帶。

❺將肩帶夾在胸襠與貼邊的中間後縫合。

❻縫合身片與❺。

❼將下擺三摺之後再縫合。

❽縫出穿鬆緊帶的部分，接著穿上鬆緊帶。

完成尺寸　請參照圖示

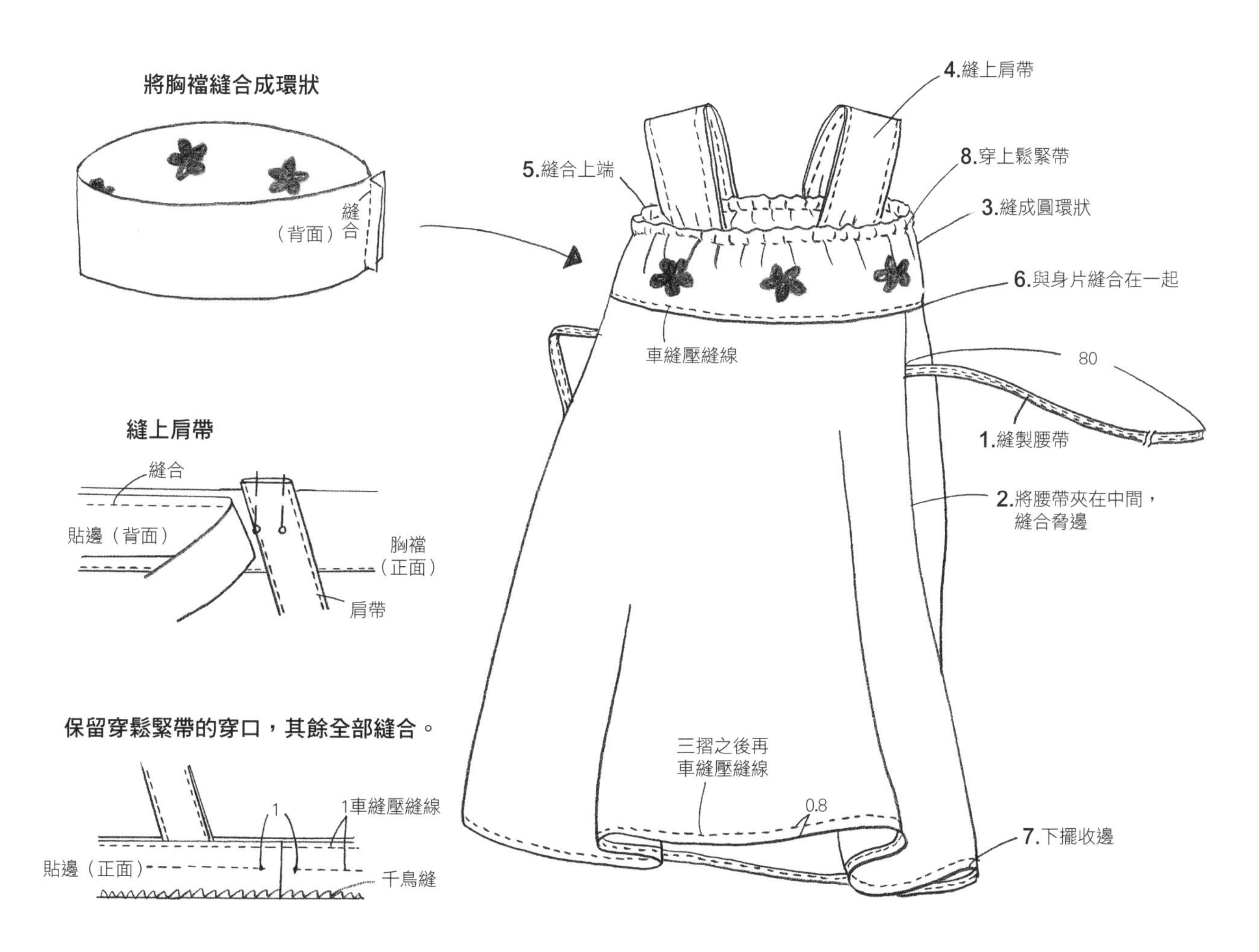

書套

實物照片p.49

材料　※1個的份量

絞染布、玻璃紗各50×20cm
貼布縫用素面布適量
裡布、鋪棉、襠布各45×20cm
寬0.6cm緞帶23cm

作法重點

❶將貼布縫布片放在底布上，再疊上玻璃紗。在貼布縫的內側壓縫線，完成表布。
❷將鋪棉、襠布和❶重疊後壓線縫。
❸縫製布條。
❹裡布與❷正面相對，將布條和書籤用的緞帶夾在中間，保留返口不縫，其餘外圍全部縫合。
❺翻至正面，縫合返口，以星止縫將裡布縫平固定。
❻將其中一邊往內摺5cm，並在上下兩端以捲針縫縫合。

完成尺寸　請參照圖示

書套配置圖

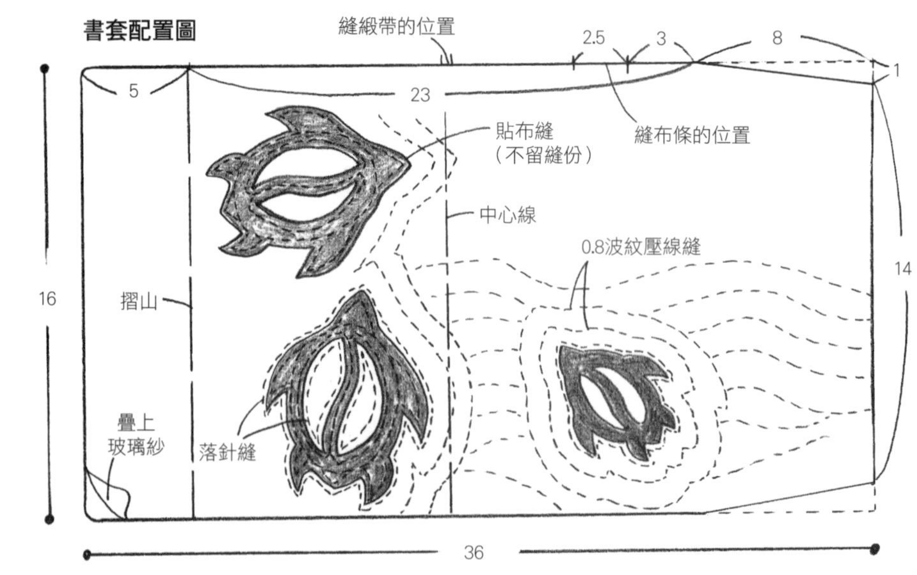

布條（疊上玻璃紗）

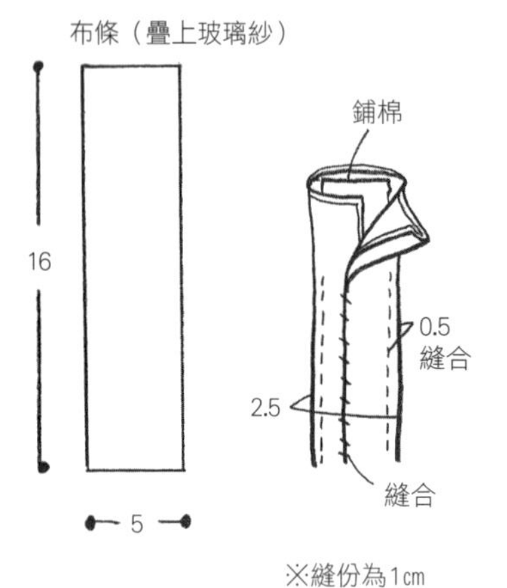

※縫份為1cm

組合方式

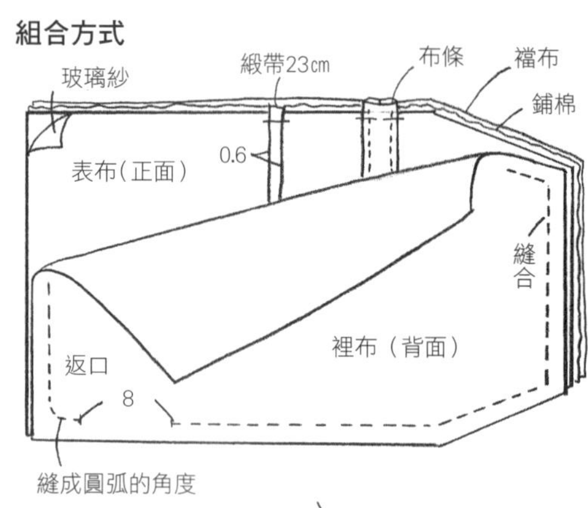

翻至正面

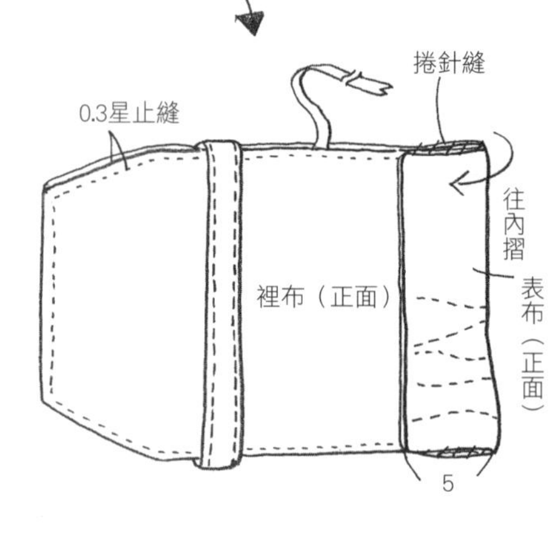

完成圖

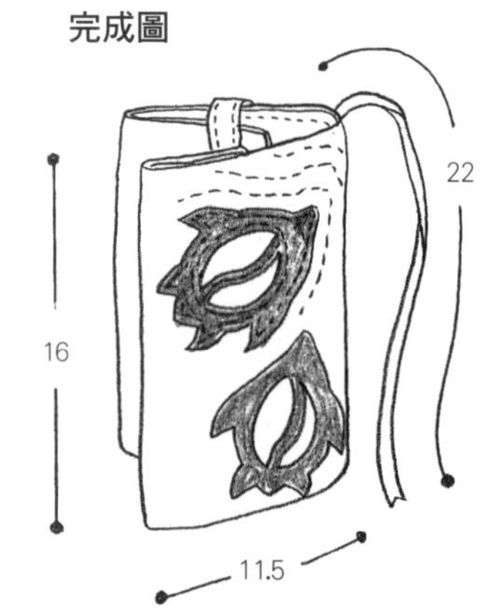

原寸圖案

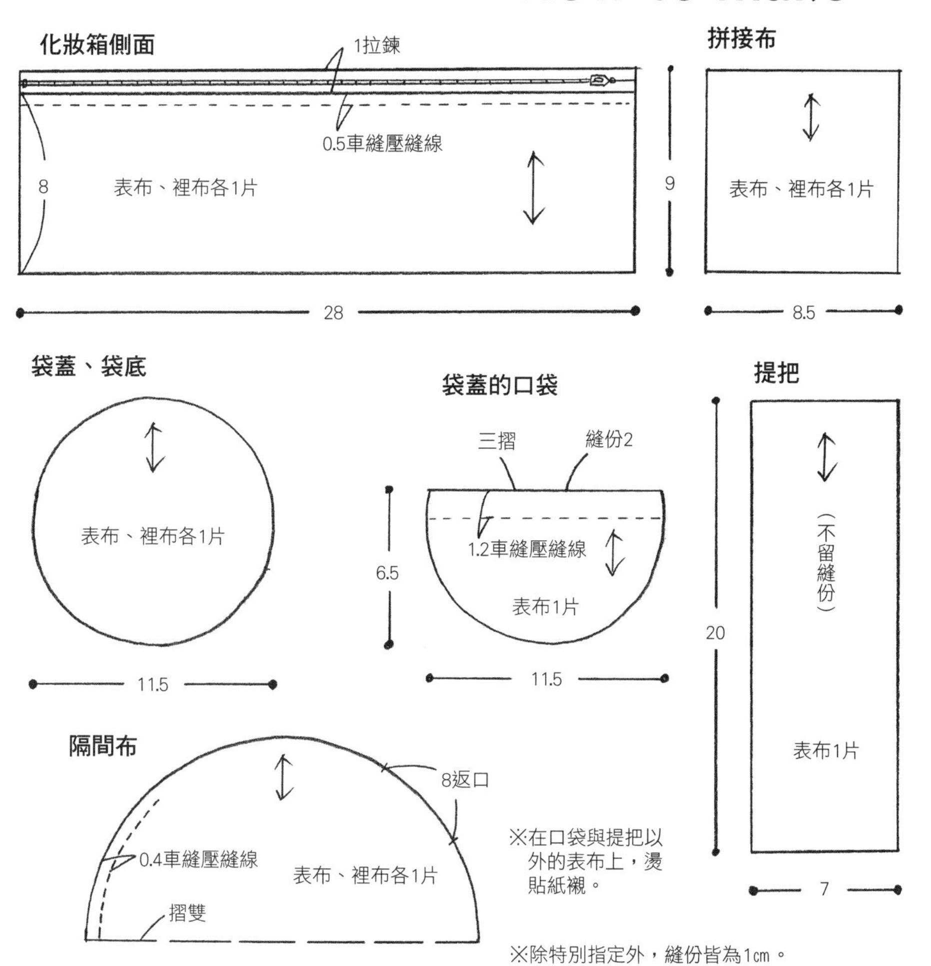

化妝包

實物照片p.49

材料

藍色花朵圖案印花布110×25㎝
裡布用的藍色毛巾布110×25㎝
28㎝拉鍊1條
滾邊包繩（內有繩子）80㎝
縫份收邊用斜紋布條3.5×80㎝
紙襯適量

作法重點

❶側面表布與裡布正面相對，將拉鍊夾在中間後縫合。
❷拼接布表布、裡布，與❶縫合，縫製成圓筒狀。
❸將袋底的裡布與表布重疊。與❷正面相對，夾入滾邊包繩後縫合。
❹將袋蓋裡布與表布重疊，將提把縫在表側、口袋縫在裡側，接著將滾邊包繩暫時固定在表布的外圍。
❺縫合❸與❹。
❻將袋蓋與袋底的縫份，以斜紋布條收邊。
❼縫製隔間布，然後將隔間布縫在本體內側。

完成尺寸　請參照圖示

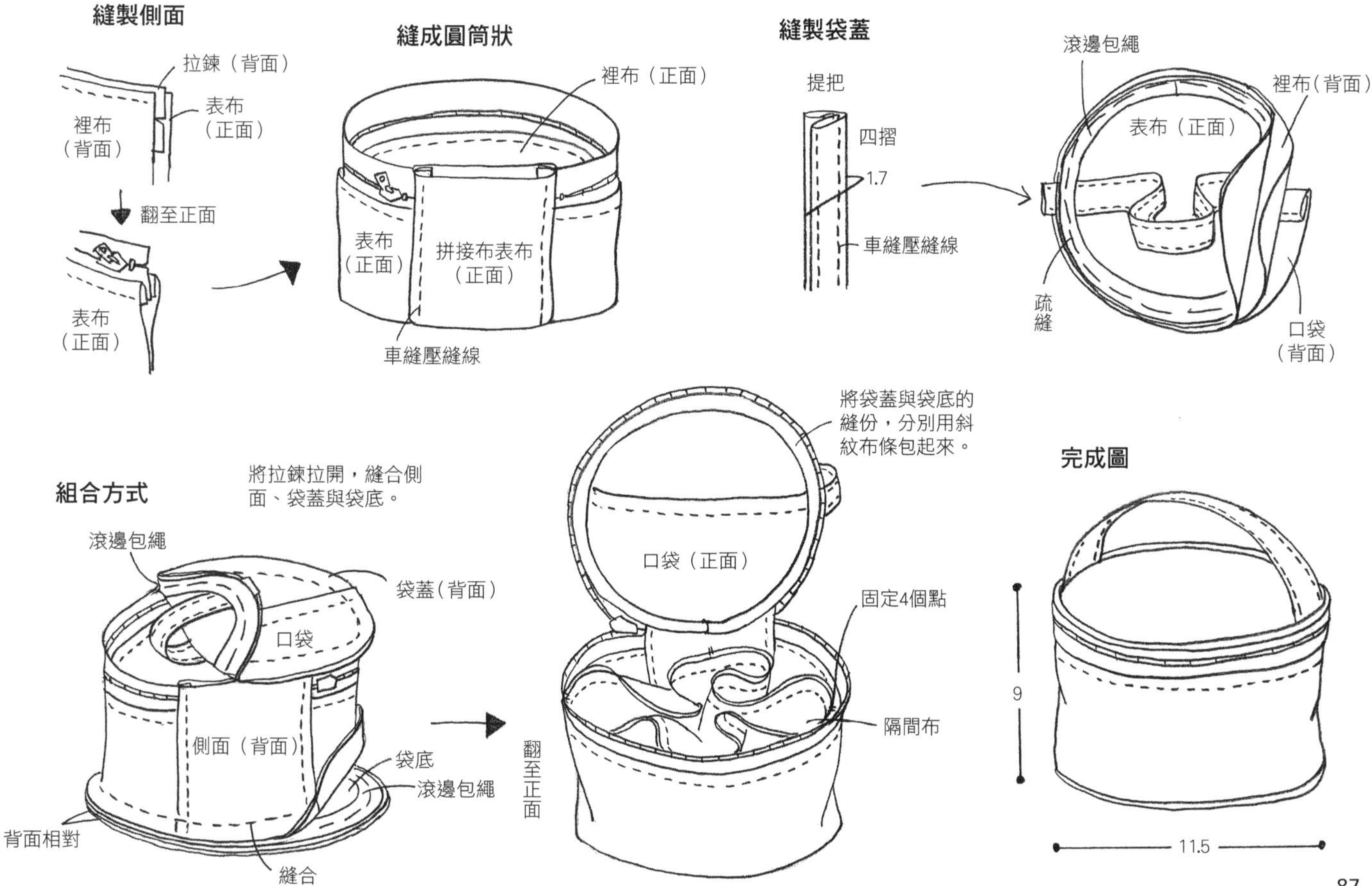

波士頓包（附手機袋）

實物照片p.44

材料

黑底花朵圖案印花布110×80cm
拼布用駝色花朵圖案印花布110×50cm
裡布用橘色絞染印花布110×80cm
手機袋裡布用黑色絞染布適量
鋪棉、襠布各110×80cm
35cm雙開式拉鍊1條
黑色滾邊包繩（內有繩子）330cm
塑膠襯（網襯）4×200cm
紙襯適量
寬1.3cm皮革提把45cm長1組
寬0.8cm皮革提把（附金屬鉤扣）24cm長1組
D扣環2個
直徑1cm串珠1個
串珠、金蔥線各適量
底板34×18cm

作法重點

（波士頓包）

❶參照圖示拼縫布片，完成本體表布、側邊表布、口袋表布。
❷在❶的花朵圖案上壓線縫。
❸將提把縫於本體，假縫固定滾邊包繩。
❹將內口袋縫在本體裡布上。
❺將本體縫成圓環狀，縫上拉鍊，再縫合裡布。
❻縫製側邊的口袋。
❼將裡布與側邊對齊，其中一邊疊上口袋後，假縫固定。
❽本體與側邊正面相對，將滾邊包繩夾在中間縫合。用斜紋布條將縫份包起來後收邊。
❾製作底板，將底板縫在本體上。

（手機袋）

❶拼縫布片，完成表布後，疊上鋪棉與襠布，再壓線縫。
❷鋪棉、襠布與側邊重疊，將滾邊包繩夾在中間後，與❶縫合在一起。
❸縫製內袋。
❹將布環穿入D扣環。
❺將滾邊包繩與❹假縫在本體袋口上，縫合內袋。將貼邊縫在袋口上。
❻用串珠縫製環扣，並將環扣縫在本體上，將提把固定在D扣環上。

完成尺寸　請參照圖示

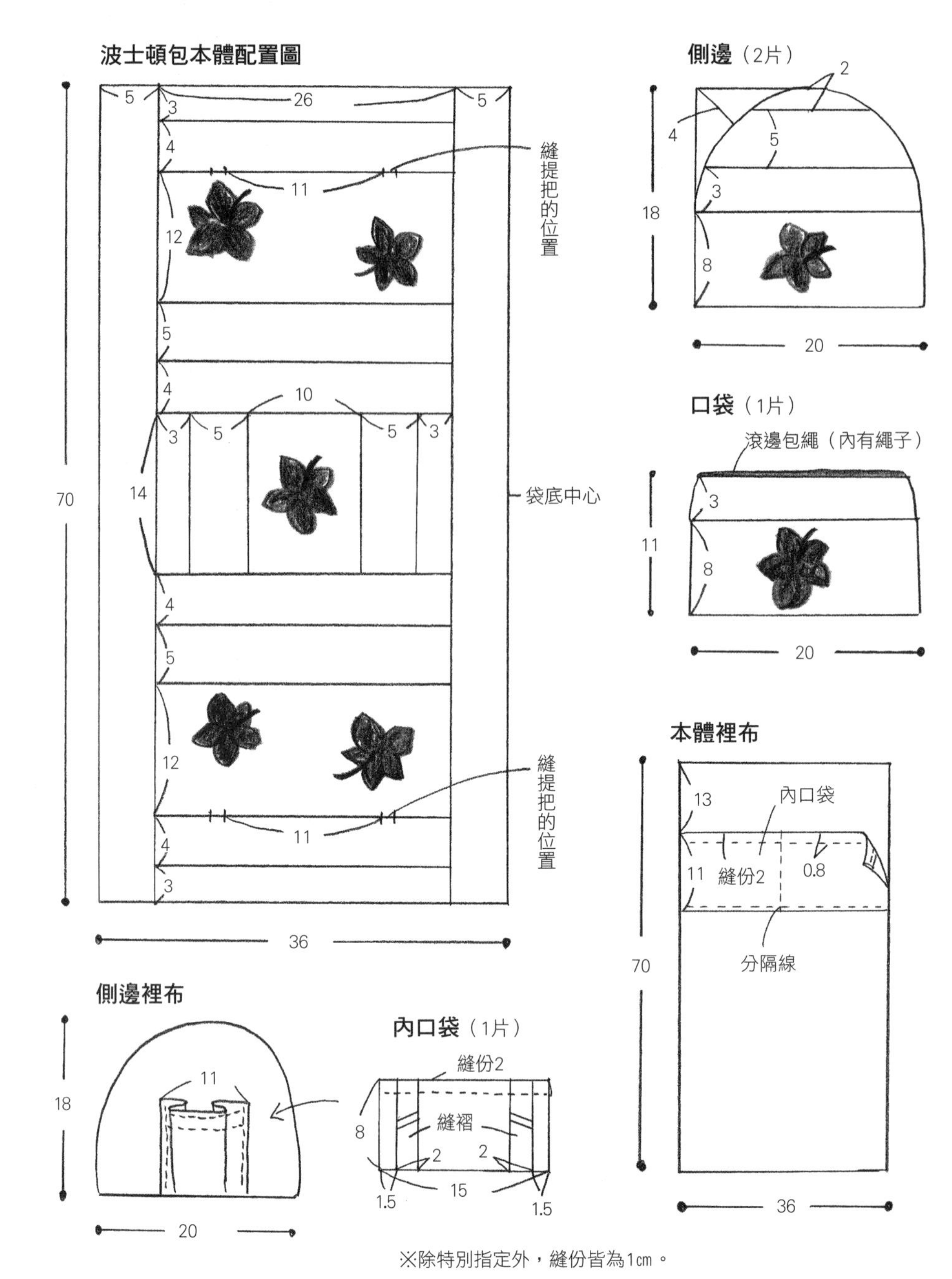

※除特別指定外，縫份皆為1cm。

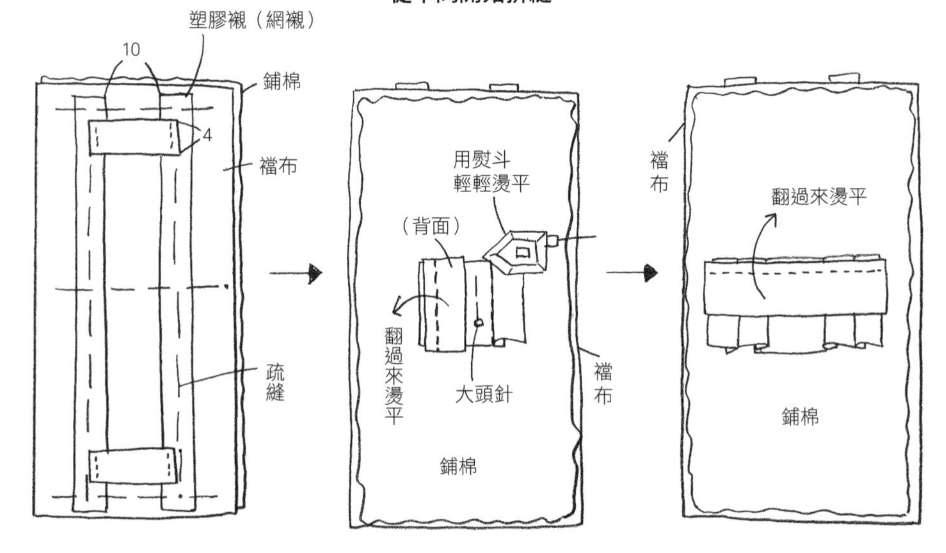

How to make

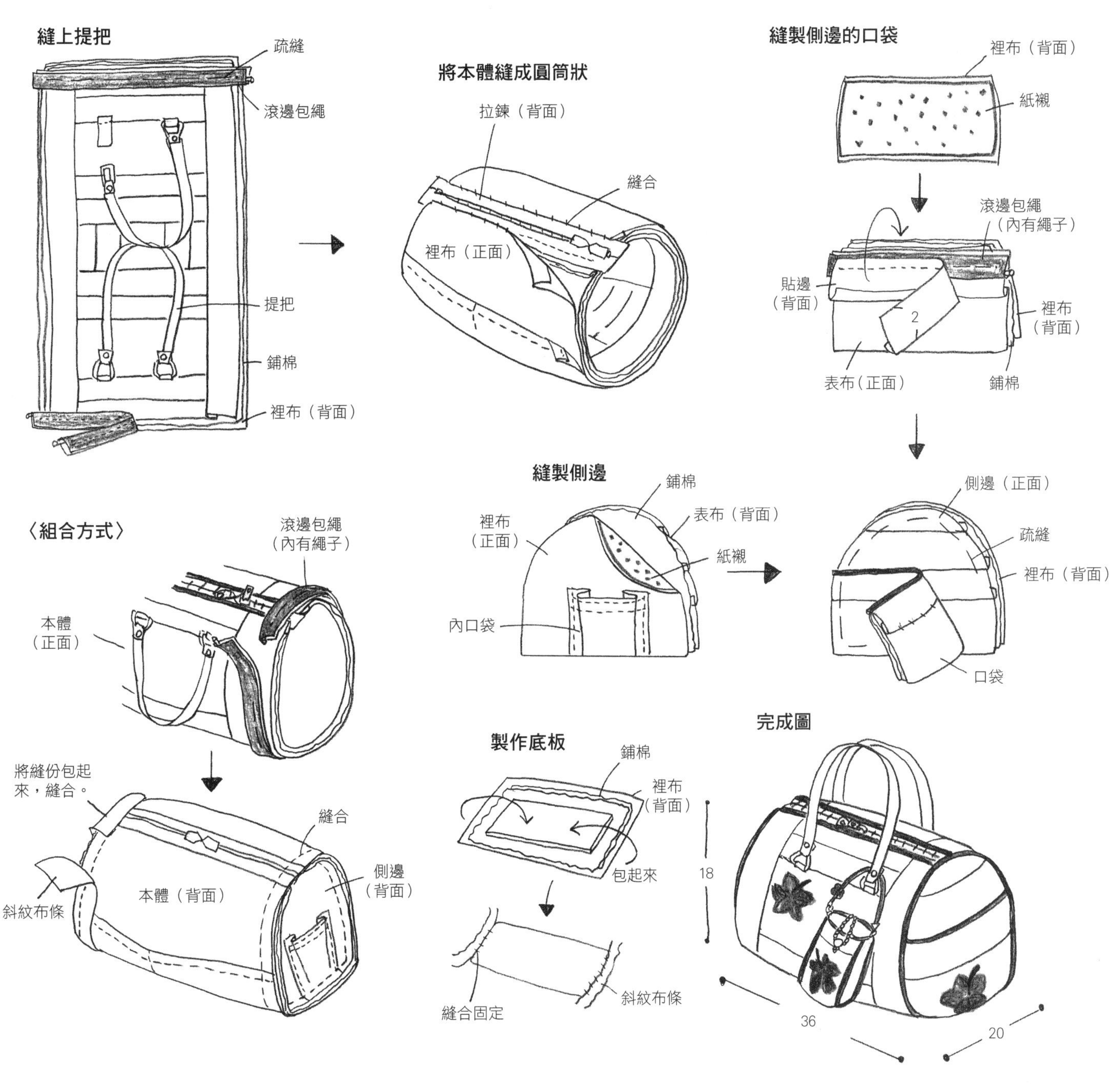

※除特別指定外，縫份皆為1cm。

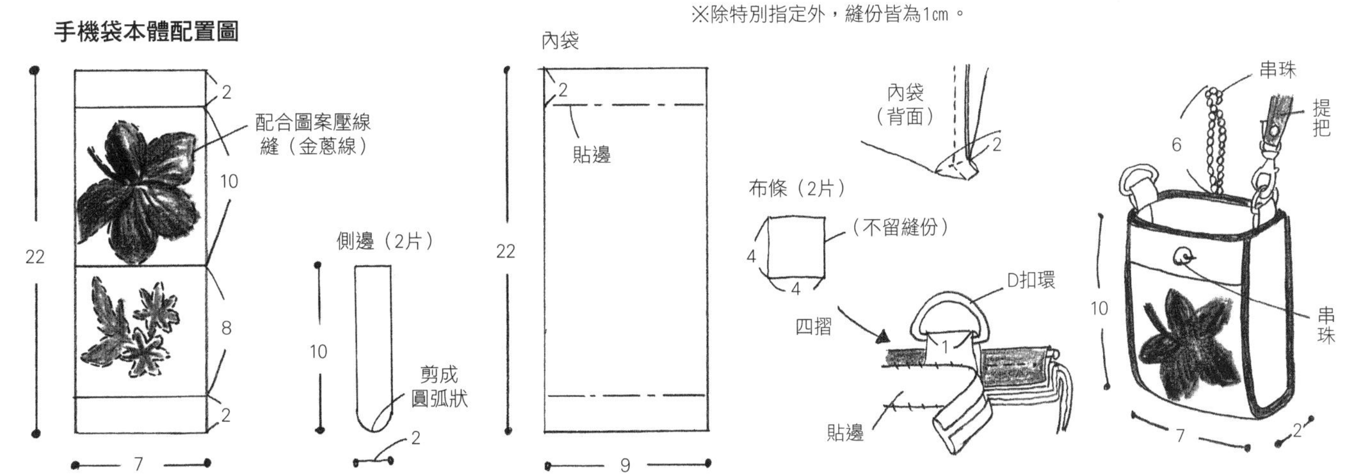

睡衣袋

實物照片p.45

材料

粉紅色花朵圖案印花布110×50㎝
內側用白色素面布110×75㎝
拼布用綠色絞染布55×25㎝
30㎝拉鍊1條
鋪棉、襠布各60×40㎝
串珠適量

作法重點

請參照p.76

完成尺寸 請參照圖示

嬰兒鞋

實物照片p.64

材料 ※一雙的份量，( )為藍色款

橘色（藍色）花朵圖案印花布40×40㎝
底布用淺駝色、橘色（藍色、黃色）布各15×15㎝
鋪棉15×15㎝
寬1㎝緞帶50㎝

作法重點

參照圖解說明

完成尺寸 請參照圖示

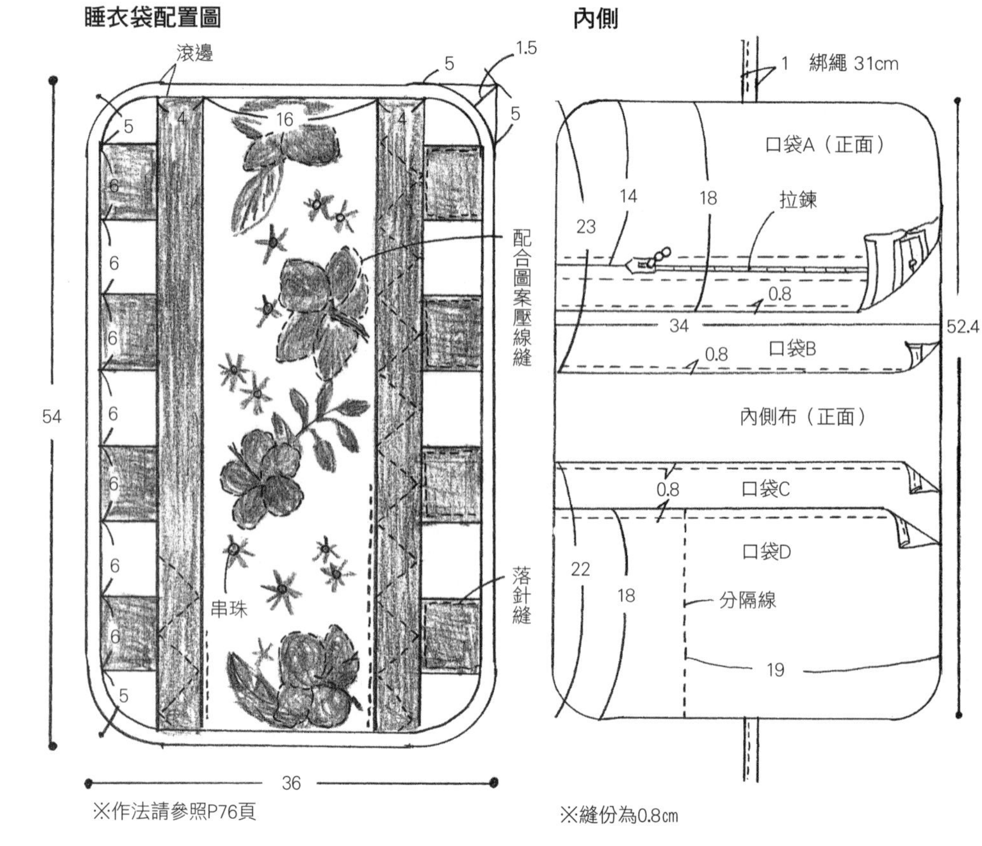

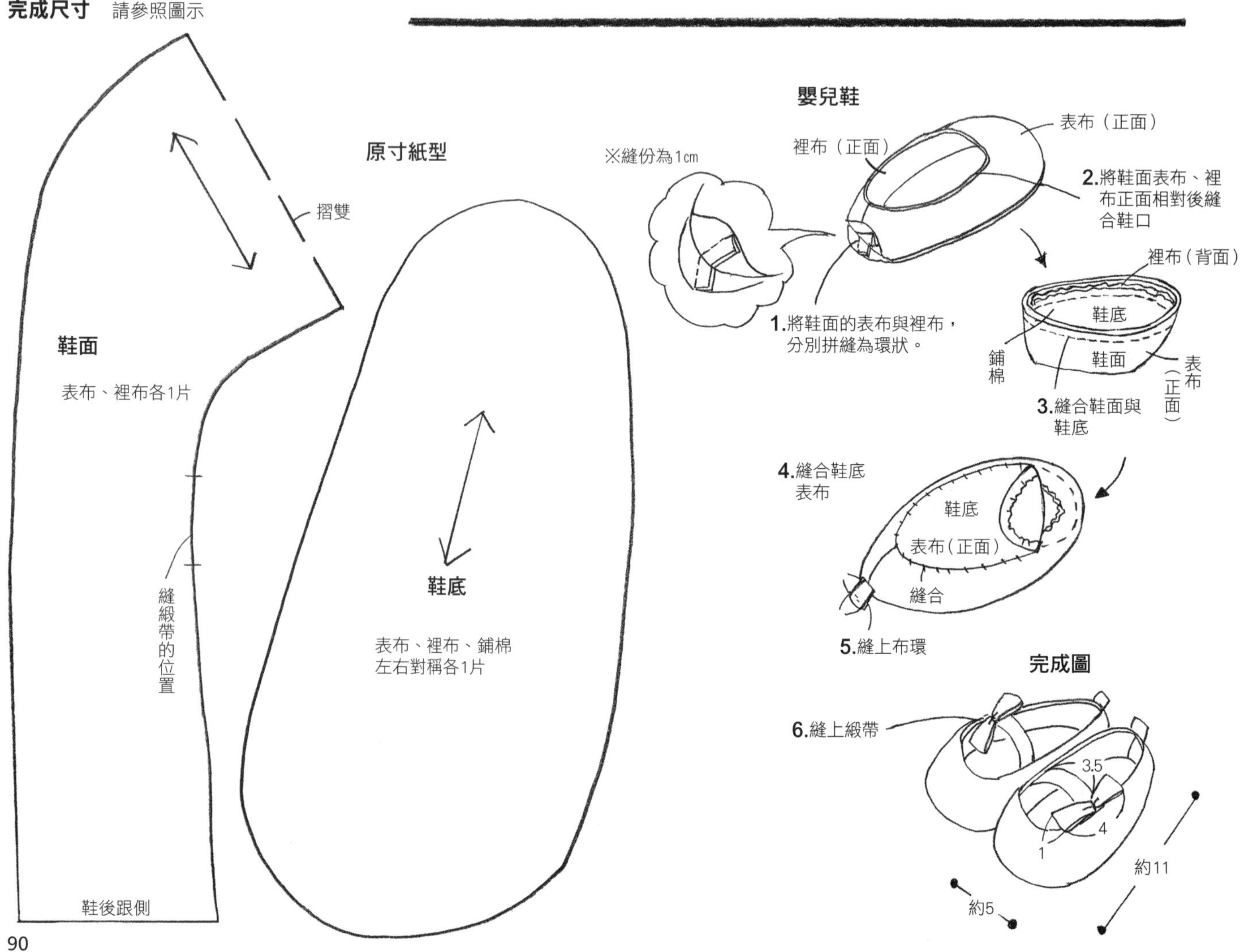

兒童款單件式洋裝

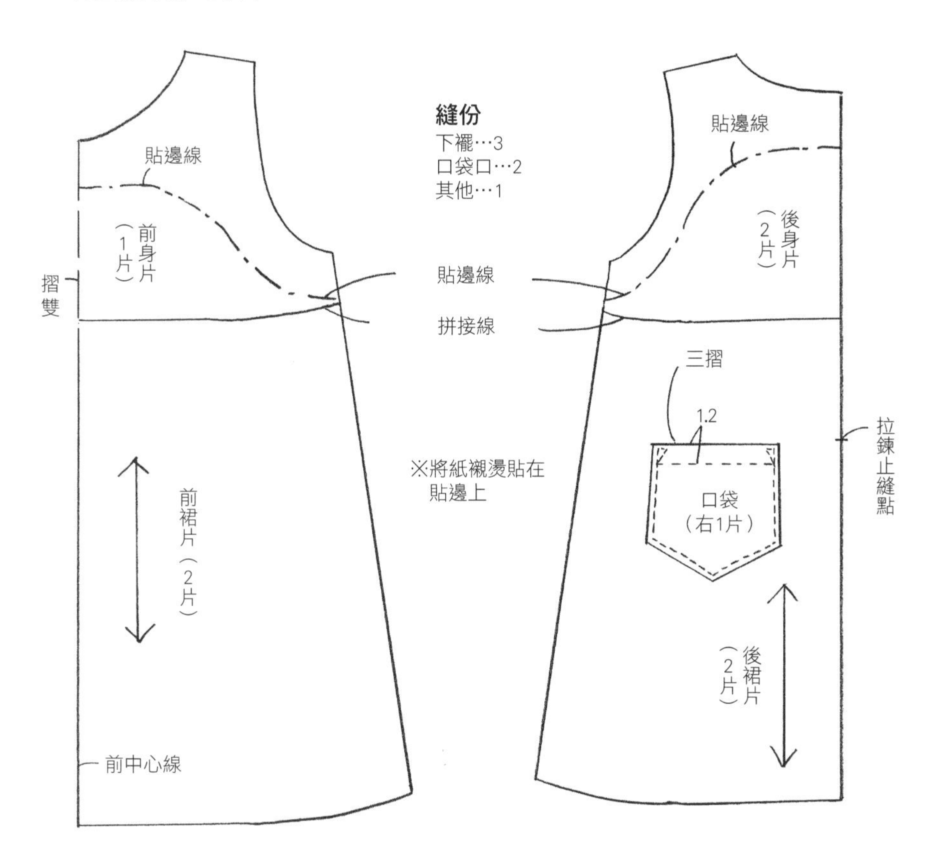

粉紅色洋裝

實物照片p.58
紙型請見第2面〔M〕

材料

粉紅色花朵圖案印花布110×130㎝
25㎝隱形拉鍊1條
紙襯90×30㎝

作法重點

❶將紙襯燙貼在貼邊上。
❷縫合身片的肩線。
❸縫合貼邊的肩線。
❹將身片與貼邊正面相對，縫合領口與袖口。從前身片開始，將後身片翻至正面。
❺縫合裙片的前中央線。
❻將口袋縫在後裙片上。
❼縫合前、後身片的拼接線。
❽縫合裙片的後中央線。
❾縫上拉鍊。
❿從貼邊接著縫合脅邊。
⓫在袖口及領口壓縫線。
⓬將下襬三摺之後再縫合。

完成尺寸　衣長47㎝

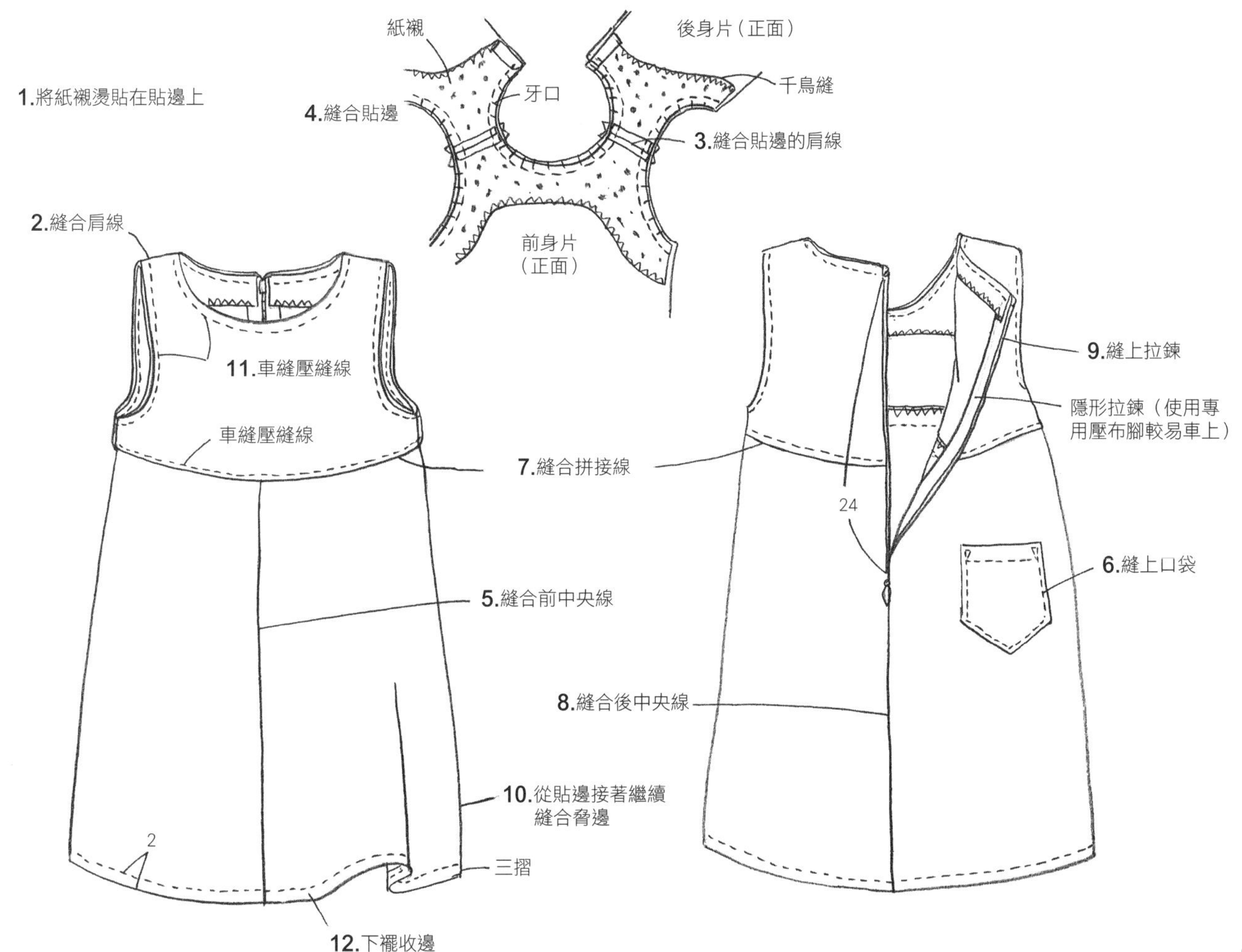

圍裙＆頭巾

實物照片p.60

材料

藍色花朵圖案印花布110×100㎝

作法重點

（圍裙）

❶ 裁剪布料，縫製口袋。

❷ 縫製腰帶與肩帶。將肩帶縫在圍裙上。

❸ 縫上胸襠布。

❹ 將外圍三摺後，參照圖解說明壓縫線。

❺ 將腰帶縫在腰部。

（頭巾）

請參照圖解說明

完成尺寸　請參照圖示

圍裙製作圖

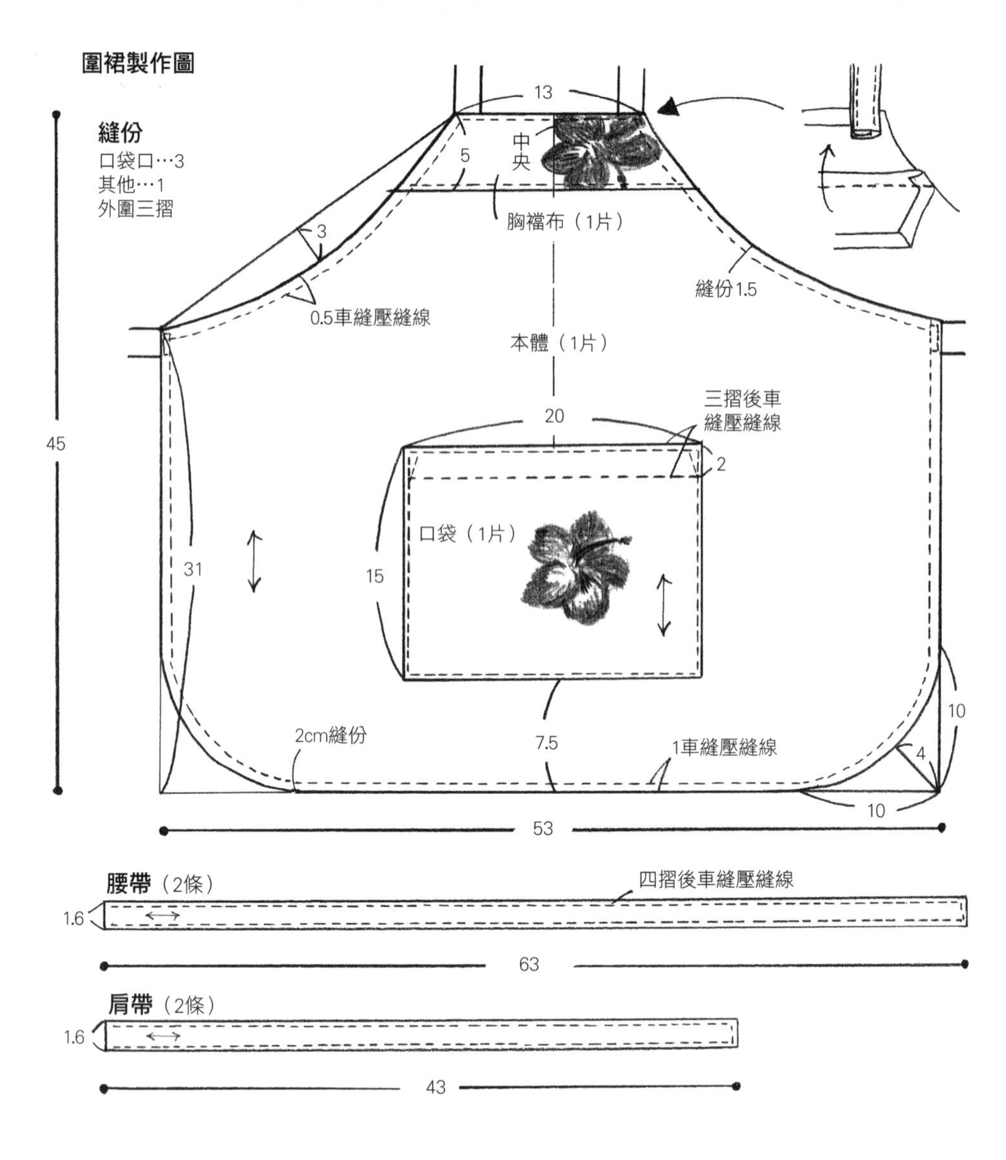

頭巾製作圖

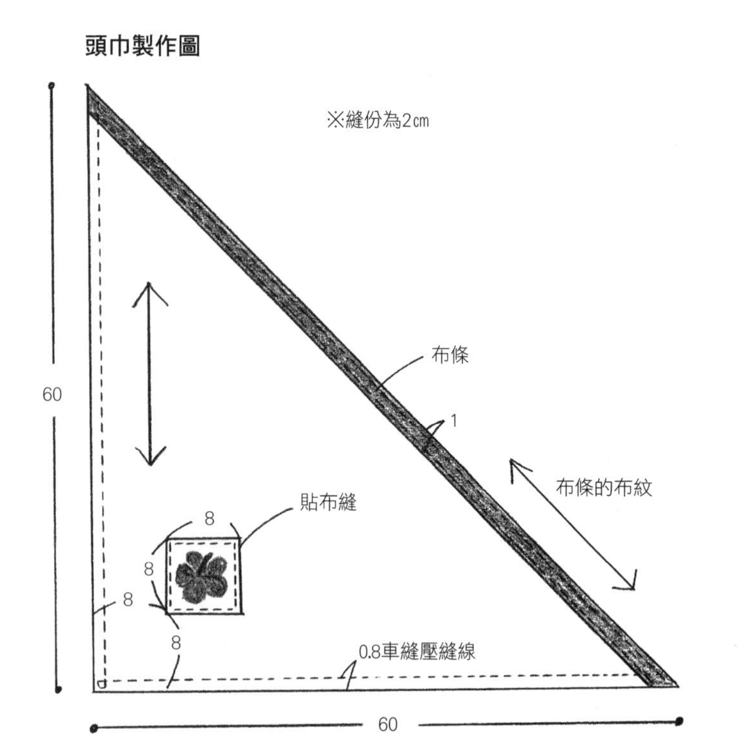

布邊的處理

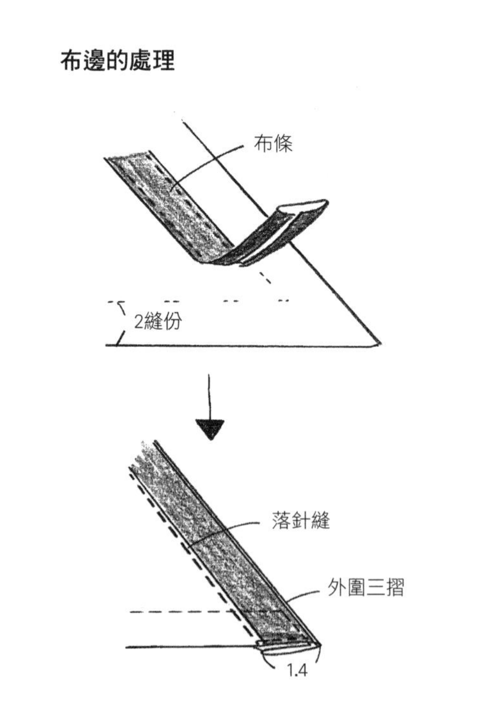

帽子和圍兜

實物照片p.64
紙型請見第1面〔F〕

材料

藍色夏威夷印花布110×100cm
裡布用毛巾布100×60cm
按扣2組

作法重點

(帽子)

❶6片表布、6片裡布分別拼縫在一起，將縫份燙開後壓縫線。
❷表側與裡側背面相對，並在外圍縫上滾邊。

(圍兜)

❶表布與裡布背面相對，外圍縫上滾邊。
❷縫上按扣。

完成尺寸 請參照圖示

鬱金香帽

表布、裡布各6片
17
縫份0.7
不留縫份
13.5

正面相對
0.7
(背面)
縫合

燙開縫份
(背面)
(背面)

0.5車縫壓縫線
頂點

表布(正面)
裡布(背面)
斜紋布條(3cm寬)
周圍縫上滾邊

完成圖

約12
0.7滾邊
26

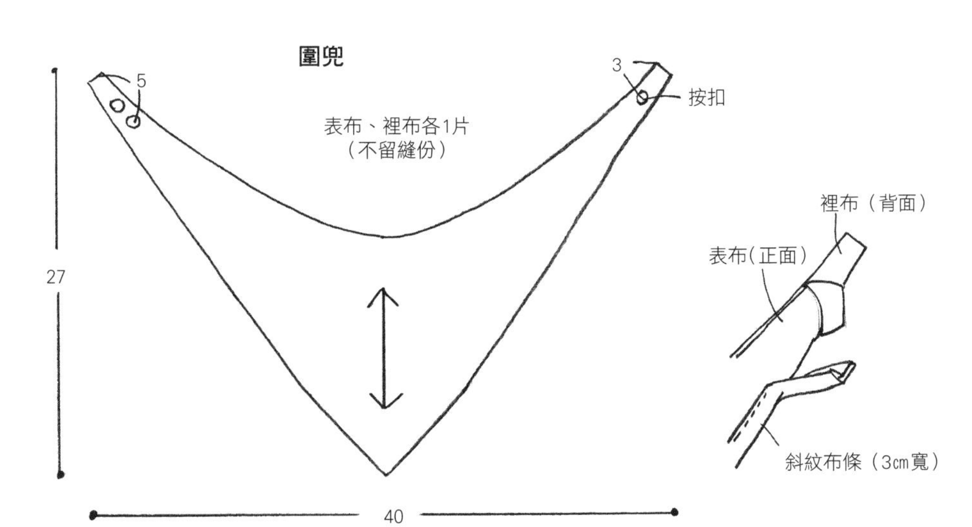

完成圖

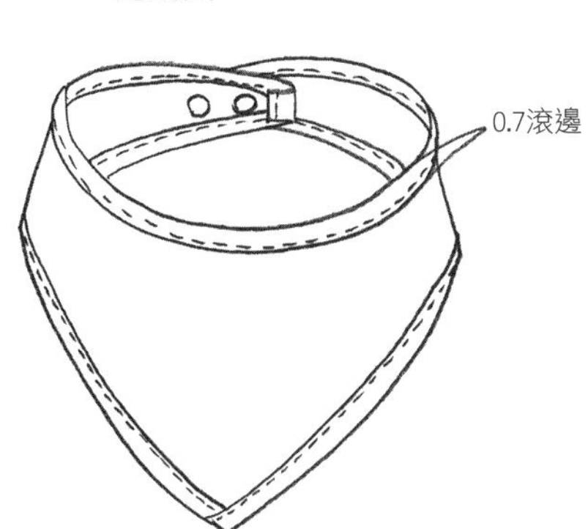

地墊

實物照片p.56

材料

黃色絞染布85×55㎝
黃色花朵圖案印花布（含貼布縫布片）110×80㎝
鋪棉、裡布各110×90㎝
雙面紙襯適量

作法重點

❶將貼布縫布片貼布縫在底布上，刺繡後在外圍縫上邊框布。
❷將鋪棉、裡布與❶重疊後壓線縫。
❸剪掉鋪棉與裡布的縫份，將表布三摺之後，與裡布縫合。

完成尺寸　請參照圖示

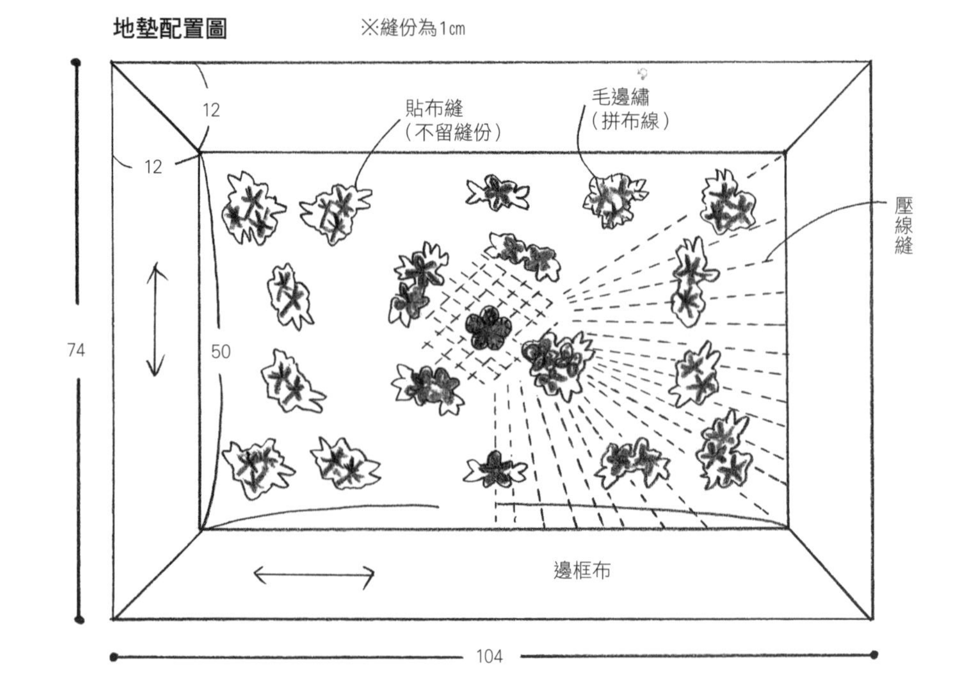

花朵繽紛鉛筆盒

實物照片p.61

材料

碎布適量
裡布25×20㎝
鋪棉、襠布各25×20㎝
20㎝拉鍊1條

作法重點

❶拼縫布片成表布。
❷將鋪棉、襠布與❶重疊後壓線縫。
❸將❷正面相對後，縫合脅邊，縫出底部與側邊厚度。以捲針縫縫合鉛筆盒（小）的脅邊。
❹在❸的袋口滾邊。
❺縫上拉鍊。
❻縫製內袋，將內袋和❺縫合。

完成尺寸　請參照圖示

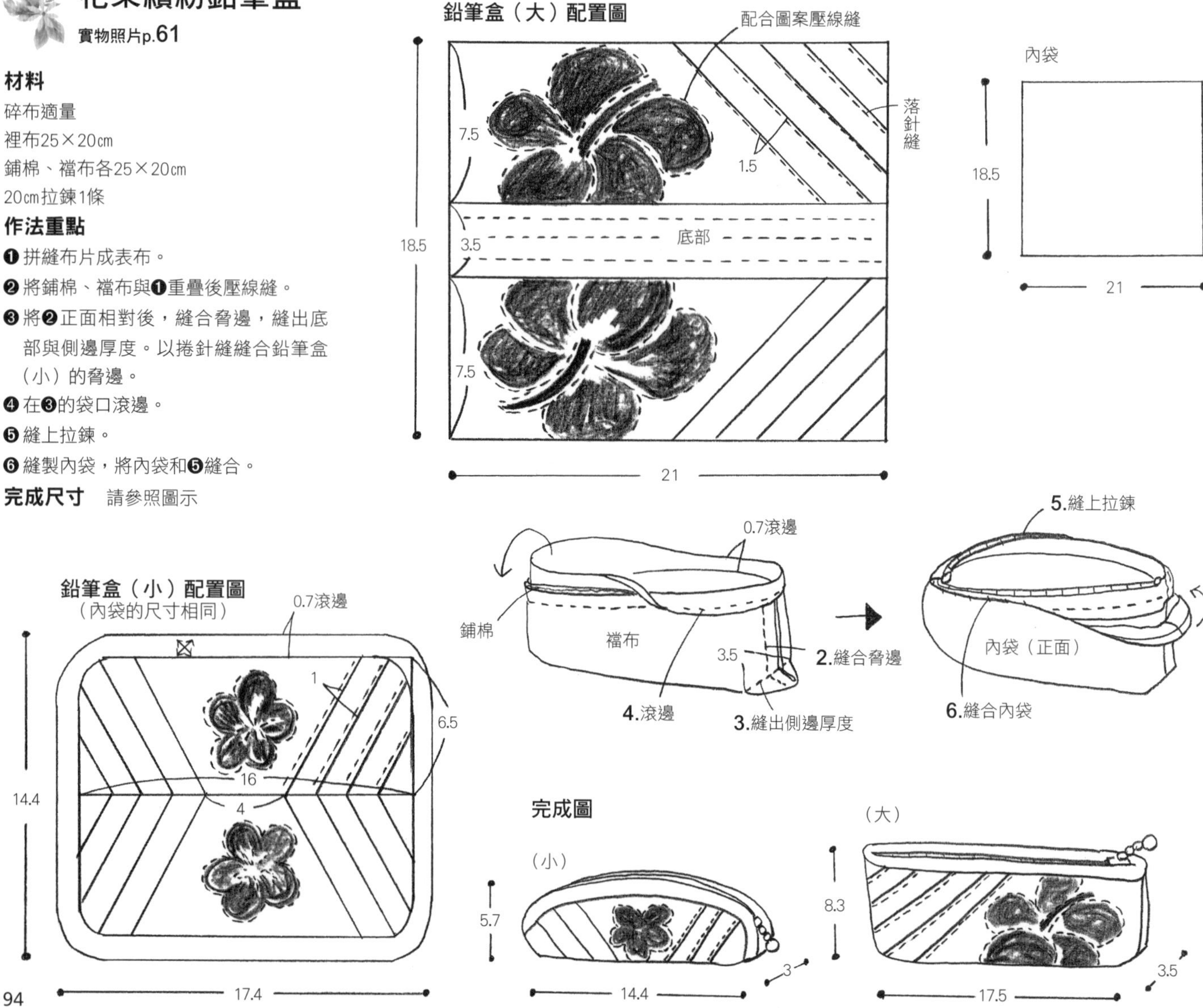

飾品袋（兩種）

實物照片p.45

材料

（小）：花朵圖案印花布各種適量
粉紅色絞染布15×15㎝
斜紋布20×20㎝
裡布、鋪棉各20×10㎝
10㎝拉鍊1條
（大）：粉紅色花朵圖案印花布20×10㎝
粉紅色絞染布40×30㎝
薄鋪棉、襠布各20×10㎝
斜紋布20×20㎝
10㎝拉鍊1條

作法重點

❶將拼縫完成的表布，與鋪棉和襠布重疊後壓線縫。
❷在❶的外圍滾邊。
❸將❷正面相對對摺，以捲針縫縫合脅邊，並縫出側邊厚度。
❹縫上拉鍊。
❺縫製內袋，將內袋與❹縫合。

完成尺寸　請參照圖示

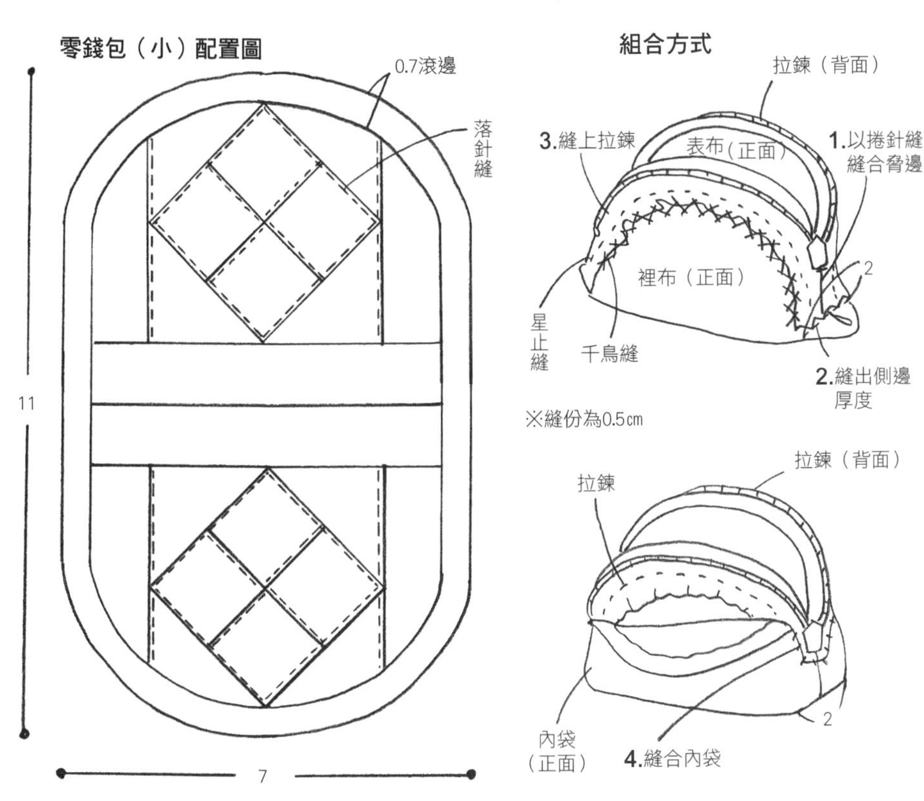

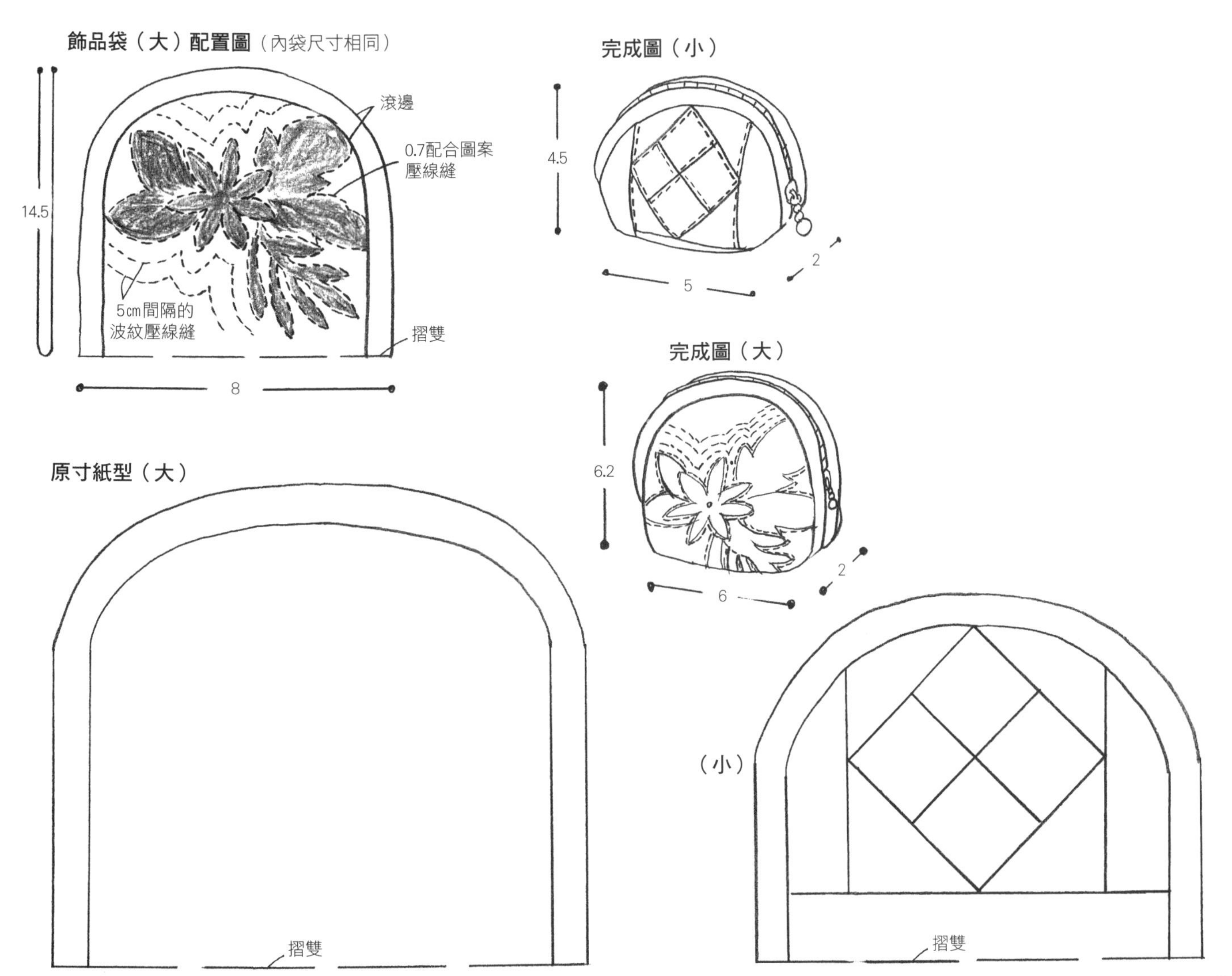

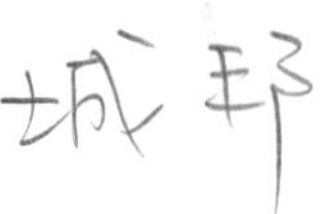

Kathy's Profile

中島凱西

出生於夏威夷的中島凱西，曾經以藝人身分活躍於舞台上，同時以拼布作家的身分，從事創作與教學指導的工作。她的作品以夏威夷拼布、美式拼布為主，作品之中充滿了豐富的色彩，書籍著作亦不在少數。她的藝術才能除了日本國內以外，即使是在拼布的發源地——美國，也曾獲得多項拼布大獎，受到相當高的評價。目前她在日本經營了9家拼布店。

官方網站http：//www.kathy.jp

國家圖書館出版品預行編目資料

中島凱西夏威夷印花生活 / 中島凱西著；王慧娥譯
初版. --臺北市：積木文化出版：
家庭傳媒城邦分公司發行, 民97.07
96面；21×28公分（HANDS；54）
譯自：キャシー中島のハワイアンプリントと暮らす

ISBN (平裝) 978-986-6595-011

1.拼布藝術 2.手工藝

426.7 97010318

H A N D S 5 4

中島凱西夏威夷印花生活

原 著 書 名／キャシー中島のハワイアンプリントと暮らす
作　　者／中島凱西
譯　　者／王慧娥
特 約 編 輯／張容慈
責 任 編 輯／李筱婷

發 行 人／凃玉雲
總 編 輯／蔣豐雯
副 總 編 輯／劉美欽
版　　權／蔡欣芸
業 務 主 任／郭文龍
行 銷 企 劃／黃明雪
法 律 顧 問／台英國際商務法律事務所 羅明通律師
出　　版／積木文化
台北市100中正區信義路二段213號11樓
電話：(02)23560933 傳真：(02)23979992
官方部落格：http：//blog.pixnet.net/cubepress
讀者服務信箱：service_cube@hmg.com.tw
發　　行／英屬蓋曼群島商家庭傳媒股份有限公司城邦分公司
台北市民生東路二段141號2樓
讀者服務專線：(02)25007718-9 24小時傳真專線：(02)25001990-1
服務時間：週一至週五上午09:30-12:00、下午13:30-17:00
郵撥：19863813 戶名：書虫股份有限公司
網站：城邦讀書花園 網址：www.cite.com.tw
香港發行所／城邦（香港）出版集團有限公司
香港灣仔軒尼詩道 235 號 3 樓
電話：852-25086231 傳真：852-25789337
電子信箱：hkcite@biznetvigator.com
馬新發行所／城邦（馬新）出版集團
Cité (M) Sdn. Bhd. (458372U)
11, Jalan 30D/146, Desa Tasik, Sungai Besi,
57000 Kuala Lumpur, Malaysia.
電話：603-90563833 傳真：603-90562833

美 術 編 排／劉靜薏
製　　版／上晴彩色印刷製版有限公司
印　　刷／東海印刷事業股份有限公司

城邦讀書花園
www.cite.com.tw

2008年（民97）7月10日初版

Printed in Taiwan.

KATHY NAKAJIMA NO HAWAIIAN PRINT TO KURASU

Photographers: Akira Miura, Nobuo Suzuki, Kana Watanabe
Originally published in Japan in 2006 by NIHON VOGUE CO., LTD.
Chinese translation rights arranged through DAIKOUSHA INC., KAWAGOE.

售價／320元

ISBN 978-986-6595-011